HAUPTSCHULE 2001

Abschluss-Prüfungs-
aufgaben mit Lösungen

Mathematik
Deutsch · Englisch

Qualifizierender Hauptschulabschluss
Bayern
1998–2000

STARK

Dieser Band wurde nach den Regeln der neuen Rechtschreibung abgefasst. Ausgenommen sind Texte von Autoren, die mit der Umwandlung in die neue Schreibweise nicht einverstanden sind.

ISBN: 3-89449-011-X

11. ergänzte Auflage 2000

Inhalt

Jeweils im Herbst erscheinen die neuen Ausgaben
der Abschlussprüfungsaufgaben an Hauptschulen mit Lösungen.

Lösungen der Aufgaben:

Mathematik: Ludwig Bürger
Deutsch: Jörg Knobloch
Englisch: 1998: Wolfgang Hamm; ab 1999: Ludwig Waas

Hinweise

Die bayerischen Hauptschulen bieten ihren Schülern neben dem „normalen" Hauptschulabschluss **einen qualifizierenden Hauptschulabschluss** an, den **„Quali"**. Wer den Quali erreichen will, muss in einigen Fächern an einer „besonderen Leistungsaufstellung" teilnehmen.

Zentrales Anliegen dieses Sammelbandes ist es auf die „Besondere Leistungsfeststellung" in den Fächern **Mathematik, Deutsch und Englisch** im Rahmen des Qualifizierenden Hauptschulabschlusses vorzubereiten. In erster Linie soll dies eine Vorbereitungshilfe für die Schülerinnen und Schüler sein, die sich als Hauptschüler, aber auch als externe Bewerber anderer Schularten mit diesen Anforderungen auseinandersetzen müssen.

In diesem Buch finden sich die **offiziellen Aufgaben des Bayerischen Staatsministeriums für Unterricht und Kultus**. So wurden für die Fächer Mathematik, Deutsch und Englisch jeweils die letzen drei Jahrgänge aufgenommen und mit **ausführlichen Musterlösungen** versehen, mit deren Hilfe sich jeder Schüler selbstständig zu Hause auf die Prüfung vorbereiten kann.

Für Schüler, die darüber hinaus üben wollen, sind unsere Aufgabensammlungen optimal geeignet:

Mathematik	(Titel-Nr. 93500)
Deutsch	(Titel-Nr. 93540)
Englisch	(Titel-Nr. 93550)

Zusätzlich zu den zentral gestellten Prüfungsaufgaben der vergangenen Jahre enthalten alle Fachbände

- wertvolle Hinweise auf die mündliche und schriftliche Prüfung,
- ein ausführliches Trainingsprogramm und
- einen Vorbereitungsteil für die mündliche Prüfung.

Speziell zur Vorbereitung auf den **Hörverstehensteil** im Fach Englisch gibt es den Trainingsband Englisch Hörverstehen 9. Klasse mit CD (Titel-Nr. 93452).

Viel Erfolg!

Abschlussprüfung an Hauptschulen in Bayern 1998
Mathematik – Aufgabengruppe I

Aufgaben: **Punkte**

1. Messing ist eine Legierung aus Kupfer und Zink. Für ein Werkstück aus Messing wurden 624 g Kupfer und 336 g Zink verwendet.

a) Gib das Verhältnis der Anteile in kleinstmöglichen ganzen Zahlen an.

b) Wie hoch sind die Anteile in Prozent?

c) Bei einem weiteren Werkstück, das nach dem gleichen Mischungsverhältnis hergestellt worden ist, beträgt der Zinkanteil 350 g. Berechne den Kupferanteil in Gramm. 5

2. Aus einem 1,20 m langen Balken aus Eichenholz werden der Länge nach zwei gleich große Kehlungen und eine Schwalbenschwanznut in Form eines gleichschenkligen Trapezes herausgefräst (siehe Querschnittsskizze). Berechne die Masse des fertigen Werkstückes in kg.

Hinweise:

- $\text{Dichte}_{\text{Eichenholz}}$: $0{,}86\,\frac{\text{g}}{\text{cm}^3}$
- Rechne mit $\pi = 3{,}14$.
- Runde alle Ergebnisse – auch Zwischenergebnisse – auf zwei Dezimalstellen.

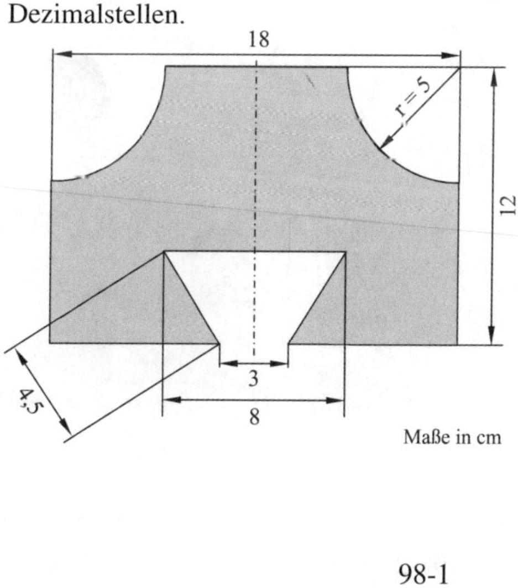

Maße in cm 7

3. Apotheker Müller stellt Arzneimittel her.

a) Der Alkoholgehalt eines Hustensaftes beträgt 4,0 Promille.
Wie viel Alkohol braucht er für 21 Flaschen mit je 160 ml Inhalt?

b) Für 15 Tuben Nasensalbe mit je 30 ml Inhalt verarbeitet Apotheker Müller 4,05 ml Alkohol.
Berechne den Alkoholanteil in Promille.

c) Wie viele Flaschen Ohrentropfen mit je 50 ml kann er abfüllen, wenn hier der Alkoholgehalt 3,5 Promille beträgt und er 7 ml Alkohol verwendet? 5

4. a) Trage die Punkte A(2 | 3,5) und M(7 | 7) in ein Gitternetz mit der Einheit 1 cm ein. Der Punkt M ist der Mittelpunkt eines Kreises mit dem Radius $\overline{AM}$.
Zeichne den Kreis.

b) Konstruiere von P(13 | 1) das Lot auf die Gerade, die durch A und M führt.
Benenne den Schnittpunkt des Lotes mit dem Kreis als Punkt B.

c) Die Strecke AB ist die Basis des gleichschenkligen Dreiecks ABC, dessen Punkt C auf dem Kreis um M liegt. Zeichne dieses Dreieck.

d) Konstruiere den Inkreis des Dreiecks. 7

Aufgabe 1

Messing
Kupfer : Zink = 624 g : 336 g

a) Verhältnis in kleinstmöglichen ganzen Zahlen

Kupfer : Zink = 624 : 336 (Teiler 24)
Kupfer : Zink = 13 : 7

b) Anteile in Prozent

Berechnung des Grundwertes G (= 100 %)
G = 624 g + 336 g
G = 960 g

Berechnung der Prozentsätze

Kupfer	Zink
$P_K = 624$ g	$P_Z = 336$ g

$$p\% = \frac{P \cdot 100}{G}$$

$p\% = \frac{624 \cdot 100}{960}$	$p\% = \frac{336 \cdot 100}{960}$
$p\% = 65\%$	$p\% = 35\%$

c) Berechnung des Kupferanteils in Gramm

Zink 350 g ≡ 35 % | : 35
10 g ≡ 1 % | · 65
10 g · 65 ≡ 65 %
650 g ≡ 65 %

Der Kupferanteil beträgt 650 g.

Aufgabe 2

Gerade Säulen: $h_k = 120$ cm; $\text{Dichte}_{\text{Eichenholz}} = 0{,}86\ \frac{g}{cm^3}$

Rechtecksäule: $\ell = 18$ cm; b = 12 cm
Halbkreissäule (2 Viertelkreissäulen): r = 5 cm
Trapezsäule: $g_1 = 8$ cm; $g_2 = 3$ cm; s = 4,5 cm

Berechnung der Höhe der Trapez-säule

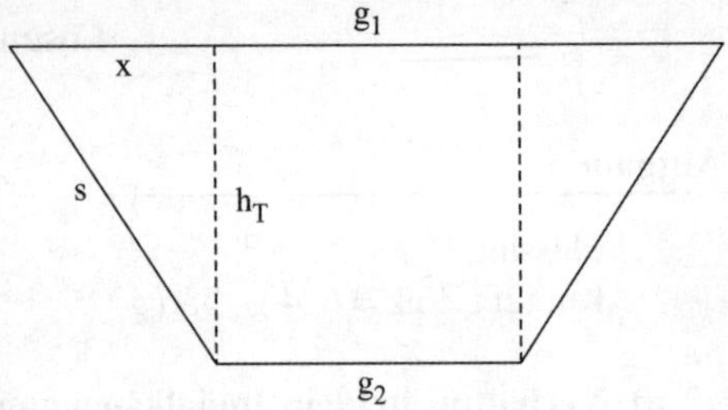

Lehrsatz des Pythagoras

$$x = \frac{g_1 - g_2}{2}$$

$$x = \frac{8 - 3}{2}$$

$x = 2{,}5$ cm

Hypotenuse: $s = 4{,}5$ cm; Katheten: $h_T = ?$; $x = 2{,}5$ cm

$${h_T}^2 = s^2 - x^2$$

$$h_T = \sqrt{s^2 - x^2}$$

$$h_T = \sqrt{4{,}5^2 - 2{,}5^2}$$

$$h_T = \sqrt{20{,}25 - 6{,}25}$$

$$h_T = \sqrt{14}$$

$$h_T = 3{,}741 \text{ cm}$$

$$h_T \approx 3{,}74 \text{ cm}$$

Trapezfläche

$$A_T = \frac{g_1 + g_2}{2} \cdot h_T$$

$$A_T = \frac{8 + 3}{2} \cdot 3{,}74$$

$$A_T = 20{,}57 \text{ cm}^2$$

Halbkreisfläche

$$A_H = \frac{r^2 \cdot \pi}{2}$$

$$A_H = \frac{5^2 \cdot 3{,}14}{2}$$

$$A_H = 39{,}25 \text{ cm}^2$$

Rechteckfläche

$A_R = \ell \cdot b$

$A_R = 18 \cdot 12$

$A_R = 216 \text{ cm}^2$

Volumen der Säule

$V = (A_R - A_H - A_T) \cdot h_k$

$V = (216 - 39{,}25 - 20{,}57) \cdot 120$

$V = 156{,}18 \cdot 120$

$V = 18\,741{,}6 \text{ cm}^3$

Masse des Balkens

$m = V \cdot \text{Dichte}$

$m = 18\,741{,}6 \cdot 0{,}86$

$m = 16\,117{,}776$ g

Umrechnung in kg
m = 16 117,776 g · 1 000
m = 16,117 kg
m ≈ 16,12 kg

Aufgabe 3

a) Berechnung des Bedarfs an Alkohol

p ‰ = 4 ‰;   Gesamtmenge G = 21 · 160 ml;   G = 3 360 ml

$$P = \frac{G \cdot p}{1\,000}$$

$$P = \frac{3\,360 \cdot 4}{1\,000}$$

P = 13,44 ml

b) Berechnung des Alkoholanteils in Promille

Gesamtmenge (= G)
G = 15 · 30
G = 450 ml
P = 4,05 ml

$$p = \frac{P \cdot 1\,000}{G}$$

$$p = \frac{4{,}05 \cdot 1\,000}{450}$$

p = 9 ‰

c) Berechnung der Anzahl der Flaschen

p‰ = 3,5‰;   P = 7 ml

$$G = \frac{P \cdot 1\,000}{p}$$

$$G = \frac{7 \cdot 1\,000}{3{,}5}$$

G = 2 000 ml

Anzahl der Flaschen
A = 2 000 ml : 50 ml
A = 40 Flaschen

Aufgabe 4

A(2 | 3,5); M(7 | 7)
M ist Mittelpunkt des Kreises mit Radius AM

a) Zeichnung des Kreises

Koordinatennetz: Einheit 1 cm (13 mal 13 cm)

Zeichenschritte:
- Koordinatennetz zeichnen
- Punkte A und M eintragen
- Kreis um M mit Radius AM

b) Lot von P (13 | 1) auf die Gerade AM

Zeichenschritte:
- P eintragen
- Bogen um P mit Radius größer als Abstand AM $\Rightarrow$ 2 Bögen auf AM
- Bögen um Schnittpunkte $\Rightarrow$ Schnittpunkt
- Schnittpunkt mit P verbinden $\Rightarrow$ Lot von P auf AM
- Schnittpunkt des Lots mit dem Kreis ist Punkt B

c) gleichschenkliges Dreieck ABC zeichnen

Zeichenschritte:
- A und B verbinden
- Bögen um A und um B $\Rightarrow$ 2 Schnittpunkte
  (= Mittelsenkrechte auf AB)
- Schnittpunkt der Mittelsenkrechten mit dem Kreis ist Punkt C
- Dreieck ABC einzeichnen

d) Konstruktion des Inkreises

Mittelpunkt des Inkreises = Schnittpunkt der Winkelhalbierenden des Dreiecks ABC

Zeichenschritte:

- Bogen um A $\Rightarrow$ 2 Schnittpunkte auf AB und AC
- Bögen um Schnittpunkte $\Rightarrow$ Schnittpunkt
- Winkelhalbierende einzeichnen
- Bogen um B $\Rightarrow$ 2 Schnittpunkte auf AB und BC
- Bögen um Schnittpunkte $\Rightarrow$ Schnittpunkt
- Winkelhalbierende einzeichnen $\Rightarrow$ Mittelpunkt des Inkreises
- Radius des Inkreises = Strecke M bis Mitte AB
- Inkreis einzeichnen

Zeichnung:

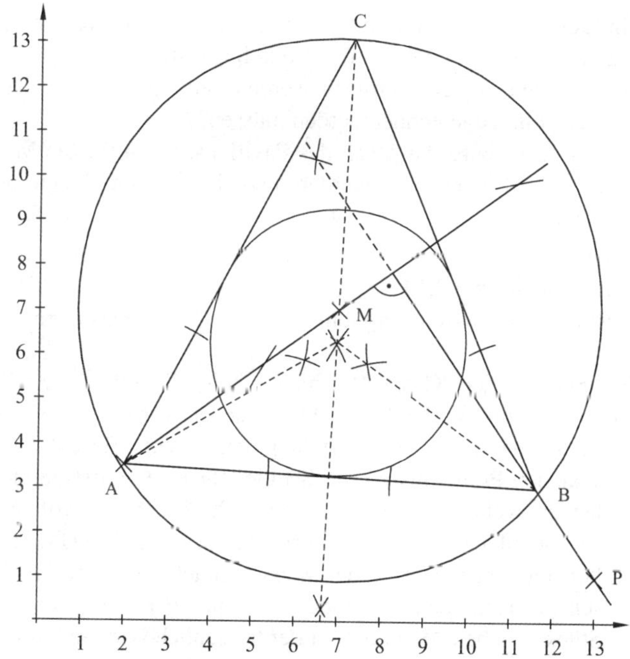

Abschlussprüfung an Hauptschulen in Bayern 1998
Mathematik – Aufgabengruppe II

Aufgaben: **Punkte**

1. Löse mit Hilfe einer Gleichung.
Addiert man 9 zum Fünffachen einer Zahl, multipliziert die Summe mit 4 und vermindert das Produkt um 20, so erhält man halb so viel, wie wenn man das Zehnfache der gesuchten Zahl von 82 subtrahiert.
Wie lautet die gesuchte Zahl? 4

2. Ein kreisrunder Pavillon mit einem Umfang von 18,84 m erhält ein kegelförmiges Kupferdach, das 1,6 m hoch ist.

a) Wie viele m^2 Kupferblech werden benötigt, wenn 15 % Verschnitt hinzugerechnet werden müssen?

b) Wie teuer wird das Dach des Pavillons, wenn für die Montage 2 245 DM berechnet werden und 1 m^2 Kupferblech 56 DM kostet?

Hinweise:
- Rechne mit $\pi = 3{,}14$.
- Runde alle Zwischenergebnisse auf zwei Dezimalstellen. 6

3. Die Schüler der Klasse 9 c bieten beim Schulfest 500 Wurstsemmeln zum Verkauf an. Der Bäcker verlangt 0,36 DM je Semmel, eine Metzgerei liefert die gesamte Wurst für 245 DM.

a) Welchen Preis müssen die Schüler für eine Wurstsemmel verlangen, wenn sie einen Gewinn von 20 % erzielen wollen?

b) Die Schüler setzen einen Verkaufspreis von 1,10 DM fest. Sie können aber nur 70 % der Wurstsemmeln verkaufen und müssen die restlichen am Ende des Schulfestes für 0,75 DM pro Stück abgeben. Wie hoch ist der tatsächliche Gewinn in DM?

c) Berechne den tatsächlichen Gewinn in Prozent.

Hinweise:
- Runde das Endergebnis auf zwei Dezimalstellen.
- Bei der Lösung wird die Mehrwertsteuer nicht berücksichtigt. 7

4.

Frisch auf den Tisch
Pro-Kopf-Verbrauch an Obst in Deutschland
im Wirtschaftsjahr 1996/97
in Kilogramm

Äpfel	16,5	Trauben	4,0
Bananen	13,0	Pfirsiche	3,5
Apfelsinen	10,3	Sonstiges Obst	47,2

a) Berechne den Gesamtverbrauch an Obst pro Kopf im Wirtschaftsjahr 1996/97 in Kilogramm.

b) Wie hoch ist der Pro-Kopf-Verbrauch an Bananen je Person in Prozent?
Runde auf zwei Dezimalstellen

c) Die vierköpfige Familie Weber verzehrt monatlich insgesamt 6,6 kg Äpfel. Um wie viel Prozent liegt sie über dem durchschnittlichen Verbrauch?

d) Stelle die Anteile am Obstverbrauch in einem Kreisdiagramm (r = 5 cm) dar. Runde dabei auf ganze Grad. 7

Lösungen

Aufgabe 1

Zerlegen der Aufgabe in Teilschritte:

Addiert man 9 zum Fünffachen einer Zahl	$5x + 9$
Multipliziert die Summe mit 4	$(5x + 9) \cdot 4$
Das Produkt um 20 vermindern	$(5x + 9) \cdot 4 - 20$
Das Zehnfache der gesuchten Zahl von 82 subtrahieren	$82 - 10x$
So erhält man halb so viel	$\frac{82 - 10x}{2}$

Gleichung

$$\begin{aligned}
(5x + 9) \cdot 4 - 20 &= \frac{82 - 10x}{2} && | \cdot 2 \\
(5x + 9) \cdot 8 - 40 &= 82 - 10x && | \text{ Klammer auflösen} \\
40x + 72 - 40 &= 82 - 10x && | \text{ zusammenfassen} \\
40x + 32 &= 82 - 10x && | +10x - 32 \\
50x &= 50 && | : 50 \\
x &= 1
\end{aligned}$$

Probe

$$(5 \cdot 1 + 9) \cdot 4 - 20 = \frac{82 - 10 \cdot 1}{2}$$

$$56 - 20 = \frac{72}{2}$$

$$36 = 36$$

$\Rightarrow$ Da auf beiden Seiten des Gleichheitszeichens der gleiche Wert ermittelt wurde, ist die Lösung der Gleichung richtig.

Aufgabe 2

Runder Pavillon mit kegelförmigem Kupferdach

$u = 18{,}84$ m; $h_k = 1{,}6$ m

a) Berechnung der Mantelfläche

Radius des Kegels

$u = 2 \cdot r \cdot \pi$

$r = \frac{u}{2 \cdot \pi}$

$$r = \frac{18{,}84}{2 \cdot 3{,}14}$$

$r = 3\text{ m}$

Seitenkante s
Lehrsatz des Pythagoras
Hypotenuse: s = ?; Katheten: r = 3 m; $h_k = 1{,}6\text{ m}$

$$s^2 = r^2 + {h_k}^2$$

$$s^2 = 3^2 + 1{,}6^2$$

$$s^2 = 9 + 2{,}56$$

$$s = \sqrt{11{,}56}$$

$$s = 3{,}4\text{ m}$$

Mantelfläche
$M = r \cdot s \cdot \pi$
$M = 3 \cdot 3{,}4 \cdot 3{,}14$
$M = 32{,}028\text{ m}^2$
$M \approx 32{,}03\text{ m}^2$

Mantelfläche einschließlich 15 % Verschnitt
$M_V = 32{,}03 \cdot 1{,}15$
$M_V = 36{,}834\text{ m}^2$
$M_V \approx 36{,}83\text{ m}^2$
Die Mantelfläche beträgt 36,83 m²

b) Preis des Daches

Montage: 2 245 DM; Blech: $56 \frac{\text{DM}}{\text{m}^2}$

$P = \text{Montage} + \text{Blech}$
$P = 2\,245 + 36{,}83 \cdot 56$
$P = 2\,245 + 2\,062{,}48$
$P = 4\,307{,}48\text{ DM}$

Das Dach kostet insgesamt 4 307,48 DM

Aufgabe 3

500 Wurstsemmeln: 1 Semmel kostet 0,36 DM
Preis der gesamten Wurst: 245 DM

a) Preis für eine Wurstsemmel bei 20 % Gewinn

Berechnung der Gesamtkosten

Semmeln	$500 \cdot 0{,}36 =$	180,00 DM
Wurst		245,00 DM
Gesamt		425,00 DM

20 % Gewinn	Preis für 1 Semmel
$G = 425 \cdot 1{,}2$	$P = 510 : 500$
$G = 510{,}00$ DM	$P = 1{,}02$ DM

Eine Wurstsemmel muss für 1,02 DM verkauft werden.

b) Berechnung des tatsächlichen Gewinns

Verkaufspreis: 1,10 DM; 70 % der Semmeln verkauft zu 1,10 DM je Semmel
Rest für 0,75 DM pro Semmel

Verkaufte Wurstsemmeln
$V = 500 \cdot 0{,}7$
$V = 350$

Einnahmen

$350 \cdot 1{,}10 =$	385,00 DM
$150 \cdot 0{,}75 =$	112,50 DM
gesamt	497,50 DM

Gewinn
G = Einnahmen – Gesamtkosten
$G = 497{,}50 - 425{,}00$
$G = 72{,}50$ DM

Es wurden 72,50 DM verdient.

c) tatsächlicher Gewinn in Prozent

$G = 425{,}00$ DM; $P = 72{,}50$ DM; $p\,\% = ?$

$$p\,\% = \frac{P \cdot 100}{G}$$

$$p\,\% = \frac{72{,}5 \cdot 100}{425}$$

$p\,\% = 17{,}058\,\%$
$p\,\% \approx 17{,}06\,\%$

Der tatsächliche Gewinn beträgt 17,06 %.

Aufgabe 4

Pro-Kopf-Verbrauch an Obst

Äpfel	16,5 kg	Trauben	4,0 kg
Bananen	13,0 kg	Pfirsiche	3,5 kg
Apfelsinen	10,3 kg	sonstiges Obst	42,2 kg

a) Gesamtverbrauch

$G = Ä + B + A + T + P + s$

$G = 16{,}5 + 13{,}0 + 10{,}3 + 4{,}0 + 3{,}5 + 42{,}2$

$G = 94{,}5$ kg

b) Anteil der Bananen in Prozent

$G = 94{,}5$ kg; $P = 13{,}0$ kg; $p\,\% = ?$

$$p\,\% = \frac{P \cdot 100}{G}$$

$$p\,\% = \frac{13 \cdot 100}{94{,}5}$$

$p\,\% = 13{,}756\,\%$

$p\,\% \approx 13{,}76\,\%$

Der Anteil der Bananen beträgt 13,76 %.

c) Mehrverbrauch an Äpfeln in Prozent

Familie Weber (4 Personen): 6,6 kg Äpfel pro Monat

Jahresverbrauch pro Person

$$J = \frac{6{,}6 \cdot 12}{4}$$

$J = 19{,}8$ kg

prozentualer Mehrverbrauch

$G = 16{,}5$ kg; $P = 19{,}8$ kg; $p\,\% = ?$

$$p\,\% = \frac{P \cdot 100}{G}$$

$$p\,\% = \frac{19{,}8 \cdot 100}{16{,}5}$$

$p\,\% = 120\,\%$

$\Rightarrow$ Der durchschnittliche Verbrauch der Familie Weber liegt um 20 % über dem Bundesdurchschnitt

d) Kreisdiagramm

r = 5 cm

Obst	Menge (P)	p %	Winkel (w)
Äpfel	16,5 kg	17,46 %	62,8°
Bananen	13,0 kg	14,55 %	52,4°
Apfelsinen	10,3 kg	10,90 %	39,2°
Trauben	4,0 kg	4,23 %	15,2°
Pfirsiche	3,5 kg	3,70 %	13,3°
sonstiges Obst	42,2 kg	49,94 %	179,8°
gesamt (G)	94,5 kg	100,00 %	360,0°

Berechnung des Prozentsatzes $p\,\% = \frac{P \cdot 100}{G}$

Berechnung des Winkels $w = p\,\% \cdot 3{,}6$

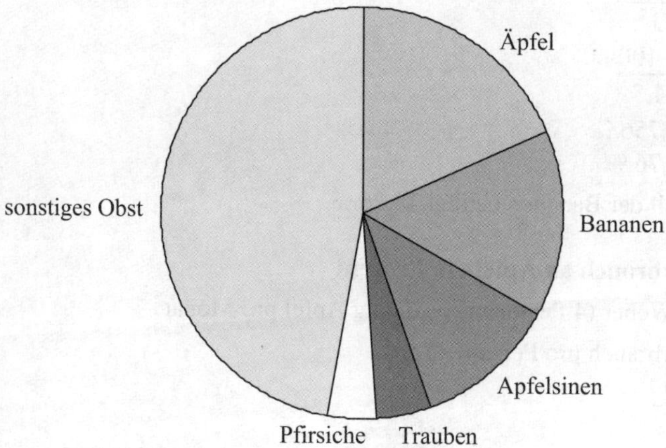

Abschlussprüfung an Hauptschulen in Bayern 1998
Mathematik – Aufgabengruppe III

Aufgaben: **Punkte**

1. Löse folgende Gleichung:

$$15\frac{3}{5}-3\left(\frac{3}{x}-5\right)-12=\frac{5}{x}+8\frac{2}{5}:\frac{2}{3}-\frac{4}{2x}$$ 5

2. Ein Briefbeschwerer aus Marmor hat die Form einer Pyramide mit quadratischer Grundfläche ($A = 9\ cm^2$).

a) Berechne die Masse des Briefbeschwerers, wenn die Dichte von Marmor 2,8 g pro cm^3 beträgt.

b) Die Oberfläche des Briefbeschwerers soll hochglanzpoliert werden. Die Firma verlangt einschließlich Mehrwertsteuer 1,65 DM pro cm^2. Was kostet das Polieren?

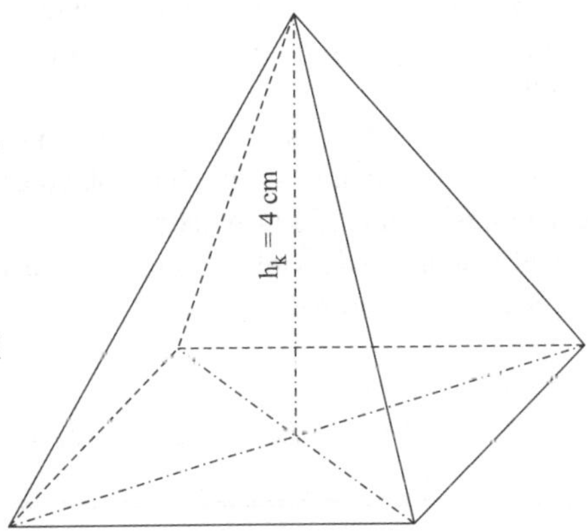

Hinweis:
Runde alle Ergebnisse auf zwei Dezimalstellen. 7

3. Herr Werner will sich eine neue Fotoausrüstung kaufen.
Ein Versandhaus bietet im Katalog einen Fotoapparat mit Zubehör zum Preis von 1 369 DM an. Als Stammkunde erhält Herr Werner 2 Prozent Rabatt. Für Verpackung und Transportversicherung werden zusätzlich 1,5 Prozent des ermäßigten Preises in Rechnung gestellt.
Im örtlichen Fachhandel kostet die gleiche Ausrüstung 1 359 DM zuzüglich 29 DM für das Zubehör. Der Fachhändler gewährt 3 Prozent Nachlass.

a) Wie teuer kommt die Fotoausrüstung im Versandhandel?
b) Wie viel müsste Herr Werner beim örtlichen Fotohändler bezahlen?
c) Um wie viel Prozent bietet der örtliche Fotohändler günstiger an als der Versandhandel?

Hinweis:
– Runde alle Ergebnisse auf zwei Dezimalstellen. 5

4. Klaus und Thomas treffen sich am Samstag in der Jugenddisco. Weil Klaus die Techno-Party nicht gefällt, macht er sich um 17.00 Uhr mit einer durchschnittlichen Geschwindigkeit von 5 km/h auf den Weg nach Hause.
Nach einer halben Stunde trifft er eine Bekannte, mit der er sich 10 Minuten unterhält. Dann setzt er seinen Weg mit gleichbleibender Geschwindigkeit fort.
In der Disco merkt Thomas, dass Klaus seine Jacke vergessen hat, und radelt seinem Freund um 17.40 Uhr mit einer durchschnittlichen Geschwindigkeit von 15 km/h nach.
a) Um wie viel Uhr und wie viele Kilometer von der Disco entfernt wird Klaus von Thomas eingeholt?
Löse rechnerisch.
b) Stelle den Vorgang grafisch dar.
(Wegachse: 1 km ≙ 1 cm; Zeitachse: 10 min ≙ 1 cm) 7

Lösungen

Aufgabe 1

Schwierigkeiten:
- Brüche
- Negatives Vorzeichen vor der Klammer
- x im Nenner

Lösung

$$
\begin{aligned}
15\frac{3}{5}-3\cdot\left(\frac{3}{x}-5\right)-12 &= \frac{5}{x}+8\frac{2}{5}:\frac{2}{3}-\frac{4}{2x} && \mid \text{Klammer auflösen; Quotient}\\
15\frac{3}{5}-\frac{9}{x}+15-12 &= \frac{5}{x}+\frac{42}{5}\cdot\frac{3}{2}-\frac{4}{2x} && \mid \text{Gleichnamige zusammenfassen}\\
18\frac{3}{5}-\frac{9}{x} &= \frac{5}{x}+\frac{63}{5}-\frac{4}{2x} && \mid \cdot x\\
18\frac{3}{5}x-9 &= 5+\frac{63}{5}x-\frac{4}{2} && \mid \text{zusammenfassen}\\
\frac{93}{5}x-9 &= 3+\frac{63}{5}x && \left|\, -\frac{63}{5}x+9\right.\\
\frac{30}{5}x &= 12 && \left|\, \cdot\frac{5}{30}\right.\\
x &= \frac{12\cdot 5}{30}\\
x &= 2
\end{aligned}
$$

Probe

$$
\begin{aligned}
15\frac{3}{5}-3\left(\frac{3}{2}-5\right)-12 &= \frac{5}{2}+8\frac{2}{5}\cdot\frac{2}{3}-\frac{4}{2\cdot 2}\\
\frac{78}{5}+\frac{21}{2}-12 &= \frac{5}{2}+\frac{63}{5}-1\\
\frac{156+105-120}{10} &= \frac{25+126-10}{10}\\
\frac{141}{10} &= \frac{141}{10}
\end{aligned}
$$

⇒ Da auf beiden Seiten des Gleichheitszeichens der gleiche Wert ermittelt wurde, ist die Lösung der Gleichung richtig.

Aufgabe 2

Pyramide

$A = 9\ cm^2$; $h_k = 4\ cm$; $Dichte_{Marmor} = 2{,}8\ \frac{g}{cm^3}$

a) Masse des Briefbeschwerers

Berechnung des Volumens

$V = \frac{A \cdot h_k}{3}$

$V = \frac{9 \cdot 4}{3}$

$V = 12\ cm^3$

Berechnung der Masse

$m = V \cdot Dichte$

$m = 12 \cdot 2{,}8$

$m = 33{,}6\ g$

b) Preis für das Polieren

Berechnung der Seitenlänge der Grundfläche

$A = 9\ cm^2$

$A = s^2$

$s = \sqrt{A}$

$s = \sqrt{9}$

$s = 3\ cm$

Berechnung der Dreieckshöhe

Lehrsatz des Pythagoras

Hypotenuse: $h_D = ?$; Katheten: $h_k = 4\ cm$; $\frac{s}{2} = 1{,}5\ cm$

$h_D{}^2 = h_k{}^2 + \left(\frac{s}{2}\right)^2$

$h_D{}^2 = 4^2 + 1{,}5^2$

$h_D = \sqrt{16 + 2{,}25}$

$h_D = \sqrt{18{,}25}$

$h_D = 4{,}272\ cm$

$h_D \approx 4{,}27\ cm$

Berechnung der Oberfläche der Pyramide

$O = A + 4 \cdot D$

$O = A + 4 \cdot \frac{s \cdot h_D}{2}$

$O = 9 + 2 \cdot 3 \cdot 4{,}27$

$O = 9 + 25{,}62$

$O = 34{,}62\ cm^2$

Kosten für das Polieren

$K = O \cdot 1{,}65 \frac{DM}{cm^2}$

$K = 34{,}62 \cdot 1{,}65$

$K = 57{,}123\ DM$

$K \approx 57{,}12\ DM$

Aufgabe 3

Anschaffung einer Fotoausrüstung

Versandhaus:	1 369 DM;	2 % Rabatt;	+ 1,5 % für Verpackung
Fachhandel:	1 359 DM;	+ Zubehör 29 DM;	3 % Rabatt

a) Preis im Versandhaus

Preis abzüglich Rabatt

$Preis \equiv 98\ \% \equiv 0{,}98$

$P = 1\,369 \cdot 0{,}98$

$P = 1\,341{,}62\ DM$

Preis einschließlich Verpackung und Transport

$Preis \equiv 101{,}5\ \% \equiv 1{,}015$

$P = 1\,341{,}62 \cdot 1{,}015$

$P = 1\,361{,}744\ DM$

$P \approx 1\,361{,}74\ DM$

b) Preis beim örtlichen Fotohändler

Preis + Zubehör

$P = 1\,359 + 29$

$P = 1\,388\ DM$

Preis abzüglich Nachlass

$Preis \equiv 97\ \% \equiv 0{,}97$

$P = 1\,388 \cdot 0{,}97$

$P = 1\,346{,}36\ DM$

c) Preisvergleich in Prozent

G = 1 361,74 DM; P = 1 346,36 DM; p % = ?

$$p\,\% = \frac{P \cdot 100}{G}$$

$$p\,\% = \frac{1\,346{,}36 \cdot 100}{1\,361{,}74}$$

$p\,\% = 98{,}870\,\%$

$100\,\% - 98{,}87\,\% = 1{,}13\,\%$

Der örtliche Fachhändler ist um 1,13 % günstiger als das Versandhaus.

Aufgabe 4

Einholaufgabe

Klaus: Abfahrt 17.00 Uhr; $v_k = 5$ km/h; Pause 17.30 Uhr – 17.40 Uhr; Weiterfahrt mit gleicher Geschwindigkeit

Thomas: Abfahrt 17.40 Uhr; $v_T = 15$ km/h

a) Rechnerische Lösung

Zeitunterschied: 40 min – 10 min = 30 min ≡ 0,5 h

$$\begin{aligned} \text{Weg}_{\text{Klaus}} &= \text{Weg}_{\text{Thomas}} \\ v_K \cdot t &= v_T \cdot (t - 0{,}5) \\ 5 \cdot t &= 15 \cdot (t - 0{,}5) \\ 5 \cdot t &= 15 \cdot t - 7{,}5 \\ 7{,}5 &= 10 \cdot t \\ 0{,}75\text{ h} &= t \\ 45\text{ min} &\equiv t \end{aligned}$$

⇒ Einholzeit: 17.00 Uhr + 10 min + 45 min = 17.55 Uhr

$s = v_K \cdot t$

$s = 5 \cdot 0{,}75$

$s = 3{,}75$ km

Klaus und Thomas treffen sich um 17.55 Uhr 3,75 km von der Disco entfernt.

b) grafische Darstellung

Hinweise für die Zeichnung:

- Wegachse: 1 km ≡ 1cm (8 cm)
- Zeitachse: 10 min ≡ 1 cm (8 cm)
- Klaus: Abfahrt 17.00 Uhr, in ½ Stunde 2,5 km (30 | 2,5)
  10 min Pause, Weiterfahrt parallel verlängern
- Thomas: Abfahrt 17.40 Uhr, in ½ Stunde 7,5 km (70 | 7,5)

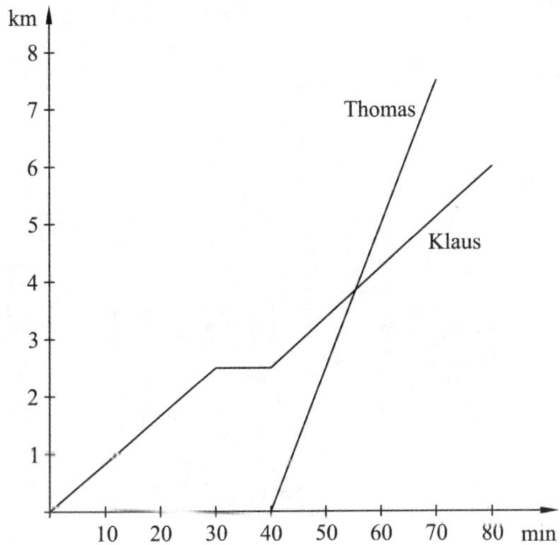

Abschlussprüfung an Hauptschulen in Bayern 1998
Mathematik – Aufgabengruppe IV

Aufgaben: **Punkte**

1. Löse folgende Gleichung:
$(1{,}22 + 2{,}7x) \cdot 2 - (1{,}5x - 0{,}525) : 7{,}5 = 11{,}01 + 1{,}5 \cdot (1{,}1x - 3{,}3)$ 4

2. Eine Leuchtmittelfirma entwirft für ein Unternehmen ein Logo (siehe Skizze).
Berechne die grau dargestellte Acrylglasfläche.
Hinweis:
– Rechne mit $\pi = 3{,}14$.

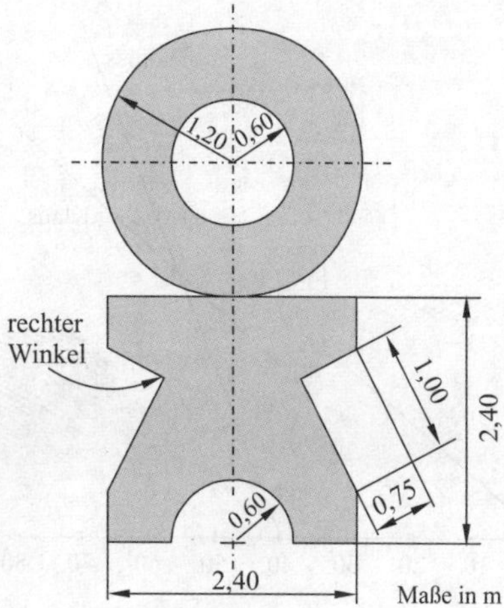

8

3. Ein Autobahnteilstück muss termingerecht fertig gestellt werden. 72 Arbeiter benötigen dazu bei einer täglichen Arbeitszeit von 8 Stunden 180 Tage. Wegen starker Regenfälle muss die Arbeit nach 30 Tagen für 6 Tage unterbrochen werden.
a) Wie viele Minuten müsste jeder Arbeiter täglich länger arbeiten, um die Bauarbeiten fristgerecht zu beenden?
b) Wie viele Arbeiter müsste die Firma nach der Unterbrechung zusätzlich einsetzen, um den Termin ohne Überstunden einhalten zu können? 6

4. Ein Kartenspiel besteht aus insgesamt 36 Spielkarten mit unterschiedlichen Punktwerten:

Normalkarten:	5 Punkte je Karte
Aktionskarten:	10 Punkte je Karte
Bonuskarten:	15 Punkte je Karte
Joker:	25 Punkte je Karte

Das Verhältnis beträgt:

Normalkarten : Aktionskarten : Bonuskarten : Joker

4 : 2 : 2 : 1

a) Wie viele Karten jeder Sorte sind im Kartenspiel?

b) Wie viele Punkte haben alle Karten zusammen?

c) Am Ende eines Spiels hat Franz dreimal so viele Punkte wie der Rest der Mitspieler zusammen. Mit welcher Punktezahl hat er gewonnen?

d) Ein anderes Kartenspiel hat 52 Karten. Könnten diese auch im Verhältnis 4 : 2 : 2 : 1 verteilt sein?
Begründe. 6

Lösungen

Aufgabe 1

Schwierigkeiten:
- Negatives Vorzeichen vor dem Quotienten
- Klammern

$(1{,}22 + 2{,}7x) \cdot 2 - (1{,}5x - 0{,}525) : 7{,}5 =$	$11{,}01 + 1{,}5 \cdot (1{,}1x - 3{,}3)$	
$2{,}44 + 5{,}4x - 0{,}2x + 0{,}07 =$	$11{,}01 + 1{,}65x - 4{,}95$	| Klammer auflösen
$2{,}51 + 5{,}2x =$	$6{,}06 + 1{,}65x$	| zusammenfassen
$3{,}55x =$	$3{,}55$	| $- 1{,}65x - 2{,}51$
$x =$	1	| $: 3{,}55$

Probe

$$(1{,}22 + 2{,}7x) \cdot 2 - (1{,}5x - 0{,}525) : 7{,}5 = 11{,}01 + 1{,}5 \cdot (1{,}1x - 3{,}3)$$
$$3{,}92 \cdot 2 - 0{,}975 : 7{,}5 = 11{,}01 - 1{,}5 \cdot 2{,}2$$
$$7{,}84 - 0{,}13 = 11{,}01 - 3{,}3$$
$$7{,}711 = 7{,}71$$

⇒ Da auf beiden Seiten des Gleichheitszeichens der gleiche Wert ermittelt wurde, ist die Lösung der Gleichung richtig.

Aufgabe 2

Kreisring: $r_a = 1{,}2$ m; $r_i = 0{,}6$ m
Vieleck
Quadrat: $s = 2{,}4$ m
2 halbe Rechtecke: $\ell = 1$ m; $b = 0{,}75$ m
Halbkreis: $r = 0{,}6$ m

Berechnung der einzelnen Flächen

Kreisring	Quadrat
$A_K = r_a^2 \cdot \pi - r_i^2 \cdot \pi$	$A_Q = s^2$
$A_K = 1{,}2^2 \cdot 3{,}14 - 0{,}6^2 \cdot 3{,}14$	$A_Q = 2{,}4^2$
$A_K = 4{,}5216 - 1{,}1304$	$A_Q = 5{,}76\ m^2$
$A_K = 3{,}3912\ m^2$	

Rechteck

$A_R = \ell \cdot b$

$A_R = 1 \cdot 0{,}75$

$A_R = 0{,}75\ m^2$

Halbkreis

$A_H = \frac{r^2 \cdot \pi}{2}$

$A_H = \frac{0{,}6^2 \cdot 3{,}14}{2}$

$A_H = 0{,}5652\ m^2$

Berechnung der Gesamtfläche

$A = A_K + A_Q - A_R - A_H$

$A = 3{,}3912 + 5{,}76 - 0{,}75 - 0{,}5652$

$A = 7{,}836\ m^2$

Aufgabe 3

72 Arbeiter arbeiten täglich 8 Stunden; insgesamt 180 Tage
Unterbrechung nach 30 Tagen für 6 Tage

a) tägliche Mehrarbeit in Minuten

Gesamtarbeitszeit:	72 Arb. · 8 h · 180 Tage	= 103 680 h
Erledigte Zeit in 30 Tagen:	72 Arb. · 8 h · 30 Tage	= 17 280 h
Verbleibende Zeit (h)	103 680 h – 17 280 h	= 86 400 h
Verbleibende Tage	180 Tage – 30 Tage – 6 Tage	= 144 Tage
Tägliche Arbeitszeit	$\frac{86\,400\text{h}}{144\ \text{Tage} \cdot 72\ \text{Arb.}}$	= 8,33 h
	0,33 h	≡ 20 min

⇒ Jeder Arbeiter müsste täglich 20 Minuten länger arbeiten.

b) zusätzliche Arbeiter

$\frac{86\,400\ \text{h}}{144\ \text{Tage} \cdot 8\ \text{h}} = 75\ \text{Arb.}$

⇒ Es müssten 3 Arbeiter zusätzlich eingestellt werden.

Aufgabe 4

36 Spielkarten

Normalkarten (N):	5 Punkte je Karte
Aktionskarten (A):	10 Punkte je Karte
Bonuskarten (B):	15 Punkte je Karte
Joker (J):	25 Punkte je Karte
Verhältnis:	$N:A:B:J = 4:2:2:1$

a) Anzahl der Karten jeder Sorte

Gesamtteile

$4 + 2 + 2 + 1 = 9$

Anteil: $36:9 = 4$

Normalkarten:	$4 \cdot 4 = 16$
Aktionskarten:	$2 \cdot 4 = 8$
Bonuskarten:	$2 \cdot 4 = 8$
Joker:	$1 \cdot 4 = 4$

b) Gesamtpunkte

Normalkarten:	$16 \cdot 5 = 80$
Aktionskarten:	$8 \cdot 10 = 80$
Bonuskarten:	$8 \cdot 15 = 120$
Joker:	$25 \cdot 4 = 100$
Gesamt:	380

c) Punkte von Franz

Franz: $3 \cdot x$ Punkte; Rest: x Punkte; gesamt: 380 Punkte

Gleichung

$$3 \cdot x + x = 380$$
$$4 \cdot x = 380$$
$$x = 95$$

Franz hat $3 \cdot 95 = 285$ Punkte

d) Ist die Aufteilung möglich?

Gesamtteile: 9

Anteile: $52 : 9 = 5$ Rest 7

Die Zahl 52 ist nicht durch 9 teilbar, also ist eine Aufteilung im angegebenen Verhältnis **nicht möglich**.

Abschlussprüfung an Hauptschulen in Bayern 1998
Mathematik – Aufgabengruppe V

Aufgaben: **Punkte**

1. Der Kopf eines Trennmeißels (siehe Skizze) ist aus Stahl gefertigt. Bestimme seine Masse in Kilogramm.

Hinweise:
- Dichte des Stahls:

$$\rho = 8{,}6 \frac{g}{cm^3}.$$

- Rechne mit $\pi = 3{,}14$.

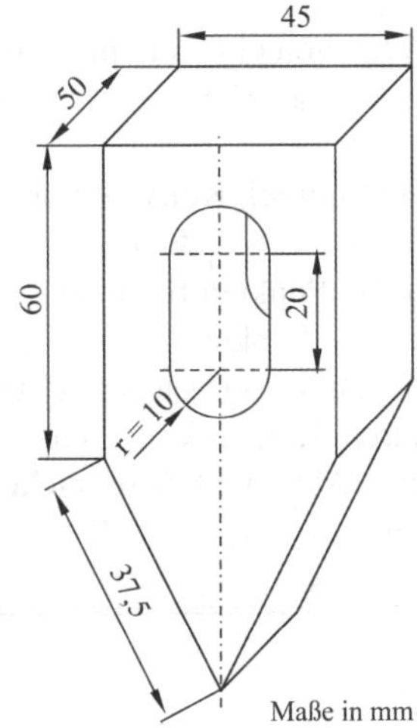

8

2. Ein Sportgeschäft bietet eine Inline-Ausrüstung (Skates, Knieschoner, Handschützer, Helm) komplett zum Preis von 473,50 DM an. Der Helm kostet 112 DM, die Knieschoner kosten das Eineinhalbfache der Handschützer. Die Skates kosten 162 DM mehr als Helm und Handschützer zusammen.
Berechne die einzelnen Preise von Skates, Knieschonern und Handschützern.
Löse mittels Gleichung. 5

3. Ein Taxiunternehmer kauft einen Neuwagen zum Preis von 66 000 DM.
Das vorherige Fahrzeug wird mit einer Wertminderung von 12 000 DM in Zahlung genommen, sodass er noch 75 % des damaligen Neupreises erhält.
An Eigenkapital werden 16 600 DM beigesteuert.
Den Restbetrag leiht sich der Unternehmer von seiner Bank zu einem Zinssatz von 7½ %.

a) Errechne den Neupreis des vorherigen Taxis.
b) Wie hoch ist der Restbetrag?
c) Berechne die monatliche Zinsbelastung.
d) Von einer anderen Bank wurde ihm ein Kredit angeboten, bei dem im ersten Jahr 1 038,50 DM an Zinsen anfallen würden. Bestimme den Zinssatz. 6

4. Ein Punkt A hat von einem Punkt C den Abstand 9 cm.
Die Strecke AC entspricht dem Durchmesser eines Kreises mit dem Mittelpunkt M.
a) Bestimme M durch Konstruktion.
b) Der Kreis um C mit dem Radius r = 3 cm schneidet den Kreis um M in den Punkten B und D.
Ermittle diese Punkte.
c) Zeichne die beiden Dreiecke ACD und ABC ein.
d) Zeige durch Konstruktion, dass sich die Winkelhalbierenden der Winkel ADC und ABC nicht auf einem der beiden Kreise schneiden. 5

Aufgabe 1

Trennmeißel aus Stahl

$\text{Dichte}_{\text{Stahl}} = 8{,}6 \dfrac{g}{cm^3}$; $h_k = 5$ cm

Rechtecksäule I:	$\ell = 6$ cm; b = 4,5 cm
Rechtecksäule II:	$\ell = 2$ cm; $b = 2 \cdot r = 2$ cm
Zylinder (2 Halbkreissäulen):	r = 1 cm
Dreiecksäule:	g = 4,5 cm; s = 3,75 cm; $h_D = ?$

Berechnung der Höhe der Dreiecksäule
Lehrsatz des Pythagoras

Hypotenuse: s; Katheten: $\dfrac{b}{2} = 2{,}25$ cm ; $h_D = ?$

$$s^2 = \left(\frac{b}{2}\right)^2 + h_D{}^2$$

$$h_D{}^2 = s^2 - \left(\frac{b}{2}\right)^2$$

$$h_D = \sqrt{3{,}75^2 - 2{,}25^2}$$

$$h_D = \sqrt{14{,}0625 - 5{,}0625}$$

$$h_D = \sqrt{9}$$

$$h_D = 3 \text{ cm}$$

Volumenberechnungen

Rechtecksäule I

$V_{R\,I} = \ell \cdot b \cdot h_k$
$V_{R\,I} = 6 \cdot 4{,}5 \cdot 5$
$V_{R\,I} = 135 \text{ cm}^3$

Rechtecksäule II

$V_{R\,II} = \ell \cdot b \cdot h_k$
$V_{R\,II} = 2 \cdot 2 \cdot 5$
$V_{R\,II} = 20 \text{ cm}^3$

Zylinder

$V_Z = r^2 \cdot \pi \cdot h_k$

$V_Z = 1^2 \cdot 3{,}14 \cdot 5$

$V_Z = 15{,}7 \text{ cm}^3$

Dreiecksäule

$V_D = \dfrac{g \cdot h_D}{2} \cdot h_k$

$V_D = \dfrac{4{,}5 \cdot 3}{2} \cdot 5$

$V_D = 33{,}75 \text{ cm}^3$

Gesamtvolumen

$V = V_{R\,I} - V_{R\,II} - V_Z + V_D$

$V = 135\ cm^3 - 20\ cm^3 - 15{,}7\ cm^3 + 33{,}75\ cm^3$

$V = 133{,}05\ cm^3$

Masse des Körpers

$m = V \cdot \text{Dichte}$

$m = 133{,}05 \cdot 8{,}6$

$m = 1\,144{,}23\ g$

$m = 1{,}14423\ kg$

Aufgabe 2

Skates	Knieschoner	Handschützer	Helm	Gesamt
x + 112 + 162	1,5 · x	x	112	473,50 DM

Gleichung

$$\begin{aligned} x + 112 + 162 + 1{,}5x + x + 112 &= 473{,}5 \quad &| \text{ zusammenfassen} \\ 3{,}5x + 386 &= 473{,}5 \quad &| -386 \\ 3{,}5x &= 87{,}5 \quad &| : 3{,}5 \\ x &= 25 \end{aligned}$$

Skates: $25 + 112 + 162 = 299{,}00$ DM

Knieschoner: $1{,}5 \cdot 25 = 37{,}50$ DM

Handschützer: $x = 25{,}00$ DM

Aufgabe 3

Neuwagen: 66 000 DM

Altwagen (Wertminderung): 12 000 DM ≡ 75 % des Neupreises

Eigenkapital: 16 600 DM

Restbetrag: p % = 7,5 %

a) Neupreis des vorherigen Taxis

G = ?; P = 12 000 DM; p % = 25 %

$$G = \frac{P \cdot 100}{p\%}$$

$$G = \frac{12\,000 \cdot 100}{25}$$

G = 48 000 DM

b) Restbetrag

Restbetrag = Preis – Altfahrzeug – Eigenkapital
Restbetrag = 66 000 – (48 000 – 12 000) – 16 600
Restbetrag = 66 000 – 36 000 – 16 600
Restbetrag = 13 400 DM

c) monatliche Zinsbelastung

K = 13 400 DM; i = 1 Monat; p % = 7,5 %

$$Z = \frac{K \cdot i \cdot p\,\%}{100 \cdot 12}$$

$$Z = \frac{13\,400 \cdot 1 \cdot 7{,}5}{100 \cdot 12}$$

Z = 83,75 DM

d) Berechnung des Zinssatzes

p % = ?; Z = 1 038,50 DM; i = 1 Jahr; K = 13 400 DM

$$p\,\% = \frac{Z \cdot 100}{K}$$

$$p\,\% = \frac{1\,038{,}5 \cdot 100}{13\,400}$$

p % = 7,75 %

Aufgabe 4

$\overline{AC} = 9\ cm = d$

a) Konstruktion von M

Zeichenschritte:

- Bögen um A und C mit r > als die Hälfte $\overline{AC}$ ⇒ 2 Schnittpunkte
- Schnittpunkte verbinden ⇒ M

b) Ermittlung der Punkte B und D

Zeichenschritte:

- Bogen um C mit r = 3 cm ⇒ Punkte B und D

c) **Zeichnung der Dreiecke ACD und ABC**

Zeichenschritte:

- Punkte A und B und B und C verbinden $\Rightarrow$ Dreieck ABC
- Punkte A und D und D und C verbinden $\Rightarrow$ Dreieck ACD

d) **Konstruktion der Winkelhalbierenden**

Zeichenschritte:

- Bogen um D $\Rightarrow$ 2 Schnittpunkte auf AD und DC
- Bögen um Schnittpunkte $\Rightarrow$ Schnittpunkt
- Schnittpunkt mit D verbinden $\Rightarrow$ Winkelhalbierende
- Bogen um B $\Rightarrow$ 2 Schnittpunkte auf AB und BC
- Bögen um Schnittpunkte $\Rightarrow$ Schnittpunkt
- Schnittpunkt mit B verbinden $\Rightarrow$ Winkelhalbierende

Die Winkelhalbierenden schneiden sich auf AC, aber nicht mit dem Kreis um C bzw. M.

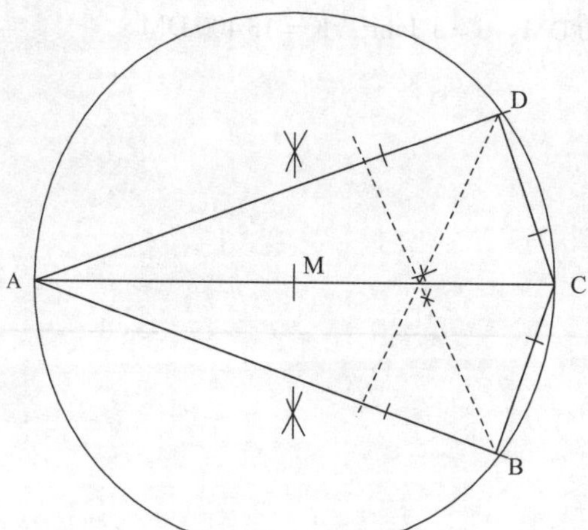

4. Aus einer Blechtafel aus Nickellegierung (Dicke s = 2 mm; Breite: 142 cm) sollen Rohlinge mit Mittelloch für die Münzprägung gestanzt werden (siehe Skizzen):

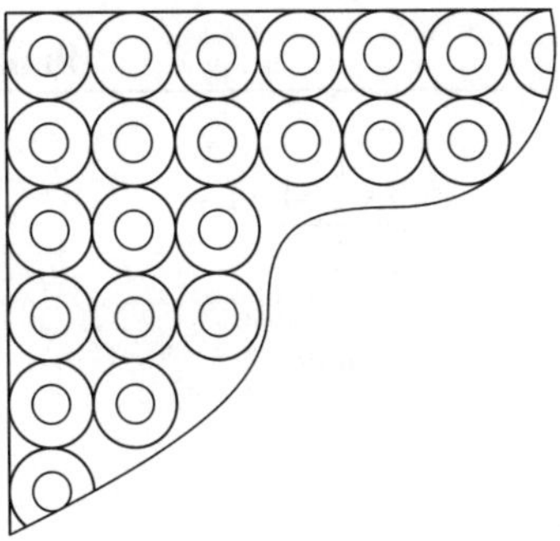

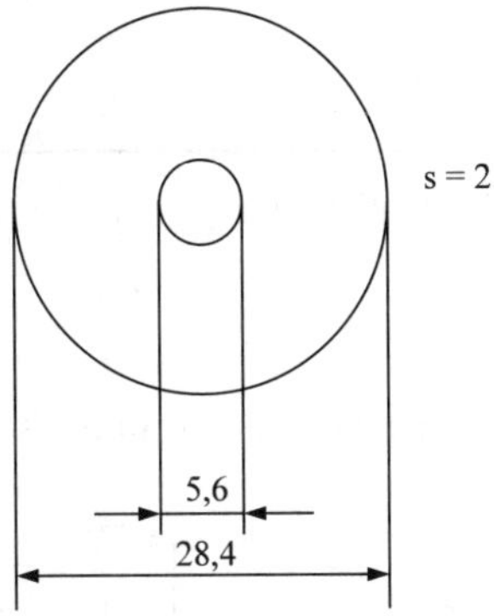

Maße in mm

a) Welche Länge muss das Blech mindestens haben, wenn 50 000 Rohlinge benötigt werden?
b) Berechne das Volumen eines Rohlings.
c) Welche Dichte hat die Nickellegierung, wenn eine Scheibe 9,2 Gramm Masse hat?

Hinweis: Rechne mit $\pi = 3{,}14$. 7

Abschlussprüfung an Hauptschulen in Bayern 1999
Mathematik – Aufgabengruppe I

Aufgaben: **Punkte**

1. Löse folgende Gleichung:

$$7{,}5(2x+3)+(5x-4)\cdot 12-3(3+4x)-(3x+1)\cdot 1{,}5=\frac{5(7x+34{,}8)}{2}$$ 5

2. Aus Blech wird eine Kastenform für Kuchen hergestellt (siehe Skizze):

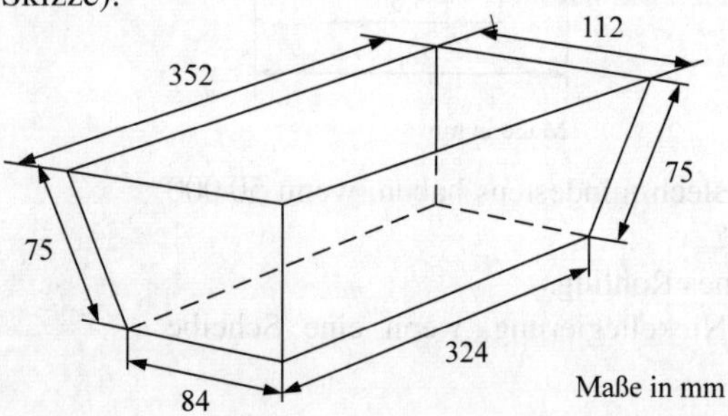

Berechne die Fläche des zu verwendenden Blechs, wenn für die Falze ein Mehrbedarf von 7 % zu berücksichtigen ist.

Hinweis: Runde alle Ergebnisse, auch Zwischenergebnisse, auf ganze Zahlen. 8

3. Auf Schmuckstücken sind zur Kennzeichnung des Reinmetallgehalts in Promille die Zahlen 333, 585, 590, 750, 835, 900 oder 925 eingeschlagen.
1 Kilogramm Feingold kostet 15 587 DM.
1 Kilogramm Feinsilber kostet 300 DM.

a) Ein Silberring wird für 80 DM verkauft. Dabei entfallen 2,5 % des Preises auf den Feinsilberanteil.
Welche Menge Feinsilber enthält der Ring?

b) Wie teuer müsste eine 585-er Goldkette mit 25 Gramm Gesamtmasse verkauft werden, wenn der Juwelier zusätzlich zum Feingoldpreis für weitere Kosten und Gewinn 500 DM veranschlagt?

Hinweis: Runde alle Ergebnisse auf 2 Dezimalstellen! 4

Lösungen

Aufgabe 1

Schwierigkeiten:
- Bruchterm
- Negatives Vorzeichen vor der Klammer
- Klammern

$$7{,}5(2x+3)+(5x-4)\cdot 12-3(3+4x)-(3x+1)\cdot 1{,}5=\frac{5(7x+34{,}8)}{2} \quad |\cdot 2$$

$$15(2x+3)+24(5x-4)-6(3+4x)-3(3x+1)=5(7x+34{,}8) \quad |\text{ Klammern auflösen}$$

$$30x+45+120x-96-18-24x-9x-3=35x+174 \quad |\text{ Gleichnamige zusammenfassen}$$

$$117x-72=35x+174 \quad |-35x+72$$

$$82x=246 \quad |:82$$

$$x=3$$

Probe:

$$7{,}5(2\cdot 3+3)+(5\cdot 3-4)\cdot 12-3(3+4\cdot 3)-(3\cdot 3+1)\cdot 1{,}5=\frac{5(7\cdot 3+34{,}8)}{2}$$

$$7{,}5\cdot 9+11\cdot 12-3\cdot 15-10\cdot 1{,}5=\frac{5\cdot 55{,}8}{2}$$

$$67{,}5+132-45-15=\frac{279}{2}$$

$$139{,}5=139{,}5$$

⇒ Da auf beiden Seiten des Gleichheitszeichens der gleiche Wert ermittelt wurde, ist die Lösung der Gleichung richtig.

Aufgabe 2

Rechteck: $\ell = 324$ mm; b = 84 mm
2 Trapeze I: $g_1 = 352$ mm; $g_2 = 324$ mm; s = 75 mm
2 Trapeze II: $g_3 = 112$ mm; $g_4 = 84$ mm; s = 75 mm

Berechnung der Teilflächen
Rechteck

$$A_R = \ell \cdot b$$

$$A_R = 324 \cdot 84$$

$$A_R = 27216\ \text{mm}^2$$

Trapez I

Berechnung der Seite x

$x = \frac{g_1 - g_2}{2}$

$x = \frac{352 - 324}{2}$

$x = 14\ \text{mm}$

Skizze

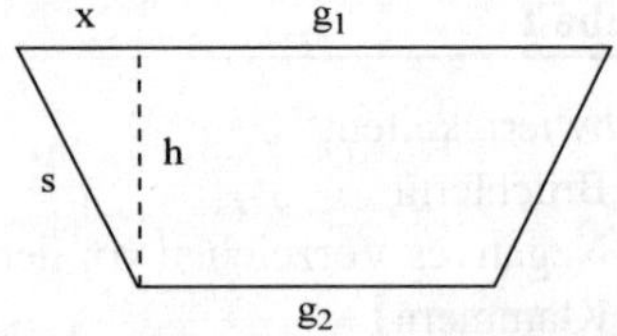

Berechnung der Höhe des Trapezes mit Hilfe des Lehrsatzes des Pythagoras

$s^2 = h^2 + x^2$

$h^2 = s^2 - x^2$

$h^2 = 75^2 - 14^2$

$h^2 = 5625 - 196$

$h^2 = \sqrt{5429}$

$h = 73{,}68$

$h \approx 74\ \text{mm}$

Berechnung der Fläche

Trapez I

$A_I = \frac{g_1 + g_2}{2} \cdot h$

$A_I = \frac{352 + 324}{2} \cdot 74$

$A_I = 25012\ \text{mm}^2$

Trapez II

$A_{II} = \frac{g_3 + g_4}{2} \cdot h$

$A_{II} = \frac{112 + 84}{2} \cdot 74$

$A_{II} = 7252\ \text{mm}^2$

Berechnung der Gesamtfläche

$A_G = A_R + 2 \cdot A_I + 2 \cdot A_{II}$

$A_G = 27216 + 2 \cdot 25012 + 2 \cdot 7252$

$A_G = 91744\ \text{mm}^2$

Berechnung des Mehrbedarfs

$p\,\% = 7\,\%$

$P = G \cdot \frac{p\,\%}{100}$

$P = 91744 \cdot \frac{7}{100}$

$P = 6422{,}08$

$P \approx 6422\ \text{mm}^2$

benötigtes Blech

$B = G + P$

$B = 91\,744 + 6\,422$

$B = 98\,166 \text{ mm}^2$

Es werden 98 166 mm² Blech benötigt.

Aufgabe 3

1 kg Feingold kostet 15 587,00 DM (15,587 DM/g)
1 kg Feinsilber kostet 300,00 DM

a) Menge Feinsilber

Preis für den Silberanteil

$$80 \text{ DM} \equiv 100\ \%$$

$$\frac{80}{100} \cdot 2{,}5 = 2 \text{ DM} \equiv 2{,}5\ \%$$

Menge Feinsilber

$$300 \text{ DM} \equiv 1000 \text{ g}$$

$$2 \text{ DM} \equiv \frac{1000 \cdot 2}{300} = 6{,}\bar{6}\ldots \text{ g}$$

Der Ring enthält 6,67 g Feinsilber.

b) Preis für die Kette

Berechnung des Goldanteils

$$1000 \text{ Teile} \equiv 25 \text{ g}$$

$$585 \text{ Teile} \equiv \frac{25 \cdot 585}{1000} = 14{,}625 \text{ g}$$

Berechnung des Preises

$$P = 14{,}625 \text{ g} \cdot 15{,}587 \frac{\text{DM}}{\text{g}} + 500 \text{ DM}$$

$$P = 227{,}959 \text{ DM} + 500 \text{ DM}$$

$$P = 727{,}959 \text{ DM}$$

Die Goldkette müsste für 727,96 DM verkauft werden.

Aufgabe 4

Blechtafel (Rechtecksäule) aus Nickellegierung: s = 2 mm; b = 142 mm
Münze (Kreisringsäule): s = 2 mm; d_a = 28,4 mm; d_i = 5,6 mm; 50 000 Stück

a) Länge des Blechs

Anzahl der Münzen an der Breitseite

$$A_b = \frac{b}{d_a}$$

$$A_b = \frac{1420}{28,4}$$

$$A_b = 50\,\text{Stück}$$

Anzahl der Münzen an der Längsseite

$$A_l = \frac{50\,000}{A_b}$$

$$A_l = \frac{50\,000}{50}$$

$$A_l = 1000\,\text{Stück}$$

Berechnung der Länge

$$\ell = 1000 \cdot d_a$$

$$\ell = 1000 \cdot 28,4$$

$$\ell = 28\,400\text{ mm}$$

Das Blech muss 2840 cm lang sein.

b) Volumen des Rohlings

r_a = 14,2 mm; r_i = 2,8 mm

$$V = V_a - V_i$$

$$V = r_a^2 \cdot \pi \cdot s - r_i^2 \cdot \pi \cdot s$$

$$V = 14,2^2 \cdot 3,14 \cdot 2 - 2,8^2 \cdot 3,14 \cdot 2$$

$$V = 1266,2992 - 49,2352$$

$$V = 1217,064\text{ mm}^3$$

c) Dichte der Nickellegierung

m = 9,2 g; V = 1,217064 cm^3

$$m = V \cdot \delta$$

$$\delta = \frac{m}{V}$$

$$\delta = \frac{9,2}{1,217064}$$

$$\delta = 7,5591751\,\frac{g}{cm^3}$$

Abschlussprüfung an Hauptschulen in Bayern 1999
Mathematik – Aufgabengruppe II

Aufgaben:	**Punkte**

1. Löse mithilfe einer Gleichung.
Dividiert man das Sechsfache einer Zahl durch 4 und vermehrt den Quotienten um 12, so erhält man die doppelte Differenz aus 9 und dem vierten Teil der Zahl.
Wie heißt die Zahl? 5

2. Das Therapiebecken eines Thermalbades soll mit einer 1 m breiten Fliesenumrandung versehen werden (siehe Skizze).
Die beauftragte Firma berechnet 184,90 DM pro m^2.
Der besondere Aufwand beim Verlegen der Fliesen wird mit einer Kostenpauschale von 4 % der Gesamtkosten in Rechnung gestellt.
a) Berechne die Fläche, auf der die Fliesen verlegt werden sollen.
b) Berechne die Kosten dieser Baumaßnahme.

Hinweis: Rechne mit $\pi = 3{,}14$.

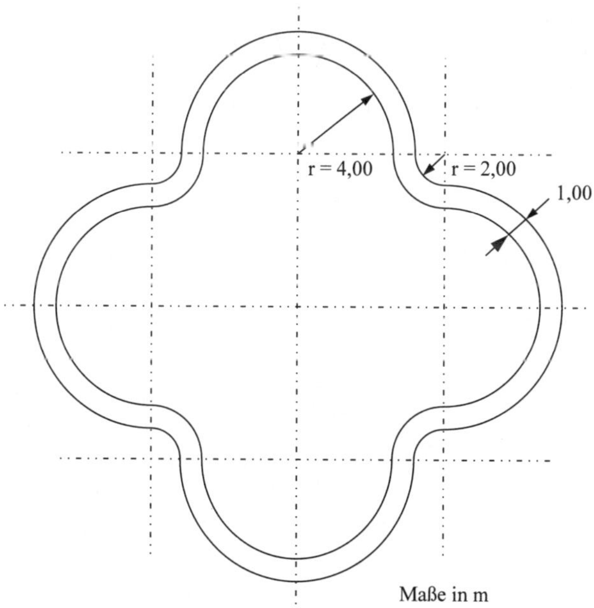

Maße in m 6

3. Eine Computerfirma kauft 80 PCs zum Stückpreis von 2 800 DM ein. Die Firmenleitung kalkuliert mit 20 % Geschäftskosten. Sie legt den Verkaufspreis für ein Gerät auf 4 200 DM fest.
Nur 20 % der Ware kann zum geplanten Einzelpreis verkauft werden. 48 weitere PCs werden später mit einem Sonderrabatt von 15 % verkauft.
Die restlichen Geräte werden wegen einer Neulieferung zum Einkaufspreis abgegeben.

a) Berechne den geplanten Selbstkostenpreis für die 80 PCs.
b) Wie hoch sind die Gesamteinnahmen?
c) Um wie viel Prozent weichen die tatsächlichen von den geplanten Einnahmen ab? 8

4. Ein moderner Flaschenverschluss aus Edelstahl (Dichte: $8{,}5 g/cm^3$) verschließt die Flasche durch sein Eigengewicht.
Wie schwer ist er?

Hinweis:
- Rechne mit $\pi = 3{,}14$.
- Runde Teilergebnisse auf zwei Dezimalstellen.

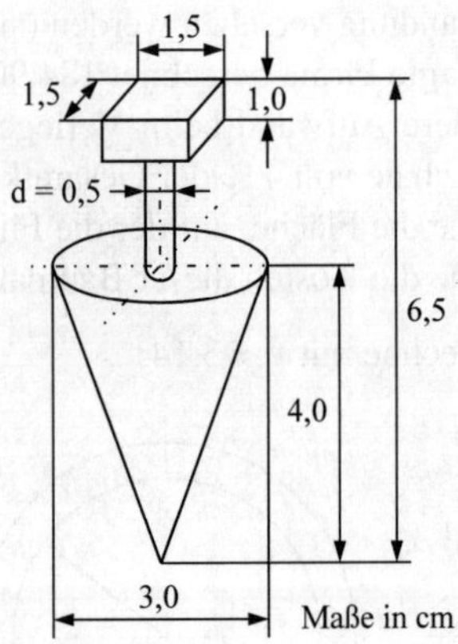

5

Lösungen

Aufgabe 1

Zerlegen der Aufgabe in Teilschritte:

– das Sechsfache einer Zahl	$6x$
– dividiert man das Sechsfache einer Zahl durch 4	$\frac{6x}{4}$
– den Quotienten um 12 vermehren	$\frac{6x}{4}+12$
– so erhält man	$=$
– Differenz aus 9 und dem vierten Teil der Zahl	$9-\frac{x}{4}$
– die doppelte Differenz	$2\left(9-\frac{x}{4}\right)$

Gleichung:

$$\frac{6x}{4}+12=2\left(9-\frac{x}{4}\right) \qquad | \text{ Klammer auflösen}$$

$$\frac{6x}{4}+12=18-\frac{2x}{4} \qquad | \cdot 4$$

$$6x+48=72-2x \qquad | +2x-48$$

$$8x=24 \qquad | :8$$

$$x=3$$

Die Zahl heißt 3

Probe:

$$\frac{6\cdot 3}{4}+12=2\left(9-\frac{3}{4}\right)$$

$$\frac{18}{4}+12=18-\frac{6}{4}$$

$$18+48=72-6$$

$$66=66$$

⇒ Da auf beiden Seiten des Gleichheitszeichens der gleiche Wert ermittelt wurde, ist die Lösung der Gleichung richtig.

Aufgabe 2

2 große Kreisringe: $r_i = 4$ m; $r_a = 5$ m
1 kleiner Kreisring: $r_i = 2$ m; $r_a = 3$ m
Preis für die Fliesen: 184,90 DM/m²
Kostenpauschale: + 4 %

Berechnung der Kreisringflächen

$$A = 2 \cdot A_g + A_k$$

$$A = 2 \cdot \left(r_a^2 \cdot \pi - r_i^2 \cdot \pi\right) + \left(r_a^2 \cdot \pi - r_i^2 \cdot \pi\right)$$

$$A = 2 \cdot \left(5^2 \cdot 3{,}14 - 4^2 \cdot 3{,}14\right) + \left(3^2 \cdot 3{,}14 - 2^2 \cdot 3{,}14\right)$$

$$A = 2 \cdot (78{,}5 - 50{,}24) + (28{,}26 - 12{,}56)$$

$$A = 2 \cdot 28{,}26 + 15{,}7$$

$$A = 56{,}52 + 15{,}7$$

$$A = 72{,}22 \text{ m}^2$$

Berechnung der Kosten

$K = A \cdot P$
$K = 72{,}22 \cdot 184{,}90$
$K = 13\,353{,}478$ DM

Gesamtkosten

$K = 13\,353{,}478 \cdot 1{,}04$
$K = 13\,887{,}617$ DM

Die Kosten belaufen sich auf 13 887,62 DM.

Aufgabe 3

80 PCs, Preis: 2 800 DM/Stück
20 % Geschäftskosten
Verkaufspreis: 4 200 DM/Stück
I 20 % der Ware werden zum geplanten Einzelpreis verkauft
II 48 PCs werden mit 15 % Sonderrabatt verkauft
III der Rest wird zum Einkaufspreis verkauft

a) geplanter Selbstkostenpreis

Einkaufspreis

$P = 80 \cdot 2\,800$
$P = 224\,000$ DM

Selbstkostenpreis

$Skp = 224\,000 \cdot 1{,}2$
$Skp = 268\,800$ DM

b) Gesamteinnahmen

Anzahl der Geräte, die zum geplanten Einkaufspreis verkauft werden

$A = 80 \cdot 0{,}2$

$A = 16$ Stück

Gesamtverkaufspreis I

$G_I = 16 \cdot 4\,200$

$G_I = 67\,200$ DM

Preis nach Abzug des Sonderrabatts

$P_{II} = 4\,200 \cdot 0{,}85$

$P_{II} = 3\,570$ DM

Gesamtverkaufspreis II

$G_{II} = 48 \cdot 3570$

$G_{II} = 171\,360$ DM

Anzahl der restlichen Geräte

$A = 80 - 16 - 48$

$A = 16$ Stück

Gesamtverkaufspreis III

$G_{III} = 16 \cdot 2\,800$

$G_{III} = 44\,800$ DM

Berechnung der Gesamteinnahmen

$G = G_I + G_{II} + G_{III}$

$G = 67\,200 + 171\,360 + 44\,800$

$G = 283\,360$ DM

c) prozentuale Abweichung

geplante Einnahmen

$E = 80 \cdot 4200$

$E = 336\,000$ DM (= Grundwert)

Mindereinnahmen

$M = 336\,000 - 283\,360$

$M = 52\,640$ DM (= Prozentwert)

$$p\,\% = \frac{M \cdot 100}{E}$$

$$p\,\% = \frac{52\,640 \cdot 100}{336\,000}$$

$$p\,\% = 15{,}\overline{6}\ldots\,\%$$

Die geplanten Einnahmen weichen um 15,7 % ab.

Aufgabe 4

Flaschenverschluss: Gesamthöhe 6,5 cm
Edelstahl: $\sigma = 8{,}5\ g/cm^3$
Rechtecksäule: $\ell = 1{,}5$ cm; b = 1,5 cm; h = 1 cm
Zylinder: d = 0,5 cm (r = 0,25 cm)
Kegel: d = 3 cm (r = 1,5 cm); h = 4 cm

Berechnung des Volumens

Rechtecksäule

$V_R = \ell \cdot b \cdot h$

$V_R = 1{,}5 \cdot 1{,}5 \cdot 1$

$V_R = 2{,}25\ cm^3$

Kegel

$V_K = \frac{1}{3} \cdot r^2 \cdot \pi \cdot h$

$V_K = \frac{1}{3} \cdot 1{,}5^2 \cdot 3{,}14 \cdot 4$

$V_K = 9{,}42\ cm^3$

Zylinder

Höhe

h = 6,5 – 4 – 1

h = 1,5 cm

$V_Z = r^2 \cdot \pi \cdot h$

$V_Z = 0{,}25^2 \cdot 3{,}14 \cdot 1{,}5$

$V_Z = 0{,}294375$

$V_Z \approx 0{,}29\ cm^3$

Gesamtvolumen

$V = V_R + V_Z + V_K$

$V = 2{,}25 + 0{,}29 + 9{,}42$

$V = 11{,}96\ cm^3$

Masse

$m = V \cdot \sigma$

$m = 11{,}96 \cdot 8{,}5$

$m = 101{,}66\ g$

Der Flaschenöffner wiegt 101,66 g.

Abschlussprüfung an Hauptschulen in Bayern 1999
Mathematik – Aufgabengruppe III

Aufgaben: **Punkte**

1. Löse folgende Gleichung:

$$13\frac{3}{4} - 4\left(\frac{4}{x} - 3\right) = \frac{9}{x} + \frac{3}{4}$$ 5

2. Eine Boje besteht aus zwei gleichen Kegeln, die an ihren Grundflächen zusammengesetzt sind. Der Durchmesser der Grundfläche eines Kegels beträgt 160 cm. Die Höhe der Boje ist von Spitze zu Spitze 240 cm.

a) Fertige eine räumliche Skizze der Boje an und bemaße sie.

b) Berechne das Volumen der Boje.

c) Das Volumen der Boje soll um die Hälfte vergrößert werden. Zwischen die beiden kegelförmigen Teile wird deshalb ein zylinderförmiges Teil mit gleicher Grundfläche eingesetzt. Berechne die Höhe des Zwischenstücks.

Hinweis: Rechne mit $\pi = 3{,}14$. 6

3. Eine Molkerei füllt ihren Fruchtjogurt in Pfandgläser ab. Jeweils 500 Gramm des Fruchtjogurts werden in ein Pfandglas abgefüllt, das leer 240 Gramm wiegt.

a) Gib den Anteil des Pfandglases am Bruttogewicht eines gefüllten Jogurtglases in Prozent an.

b) Sechs gefüllte Jogurtgläser werden in einen Kunststoffbehälter gestellt. Der Kunststoffbehälter wiegt so viel wie 9 % der in ihm transportierten Ware.
Wie schwer ist ein leerer Kunststoffbehälter?

c) Ein Jugendlicher verspeist in einem Jahr 20 Kilogramm Fruchtjogurt.
Wie viele Kilogramm Altglas würde es geben, wenn er den Jogurt anstatt in Pfandgläsern in gleich schweren Einweggläsern kaufen würde? 6

4. Zeichne ein Koordinatensystem mit der Einheit 1 cm. Darin liegt die Diagonale eines Quadrats mit den Punkten B (10 | 3,5) und D (3 | 7,5).

a) Konstruiere mit Zirkel und Lineal die andere Diagonale.
Zeichne nun das Quadrat ABCD ein.
Benenne den Schnittpunkt der Diagonalen mit M und gib seine Koordinaten an.

b) Konstruiere mit Zirkel und Lineal die Winkelhalbierende g zum Winkel CMD.
Verlängere sie bis zur Rechtswertachse (x-Achse) und gib für den Schnittpunkt S die Koordinaten an.

c) Den spitzen Winkel zwischen der Winkelhalbierenden g und der Strecke CM kann man ohne zu messen bestimmen.
Erkläre warum. 7

Aufgabe 1

Schwierigkeiten:
- x im Nenner
- negatives Vorzeichen vor der Klammer

$$13\frac{3}{4}-4\left(\frac{4}{x}-3\right)=\frac{9}{x}+\frac{3}{4} \qquad |\text{ Klammer auflösen}$$

$$\frac{55}{4}-\frac{16}{x}+12=\frac{9}{x}+\frac{3}{4} \qquad |\cdot x$$

$$\frac{55}{4}x-16+12x=9+\frac{3}{4}x \qquad |\cdot 4$$

$$55x-64+48x=36+3x \qquad |\text{ zusammenfassen}$$

$$103x-64=36+3x \qquad |-3x+64$$

$$100x=100 \qquad |:100$$

$$x=1$$

Probe:

$$13\frac{3}{4}-4(4-3)=9+\frac{3}{4}$$

$$13\frac{3}{4}-4=9\frac{3}{4}$$

$$9\frac{3}{4}=9\frac{3}{4}$$

⇒ Da auf beiden Seiten des Gleichheitszeichens der gleiche Wert ermittelt wurde, ist die Lösung der Gleichung richtig.

Aufgabe 2

Boje (= 2 Kegel): d = 160 cm (r = 80 cm); h = 240 cm (h_k = 120 cm)

a) Skizze

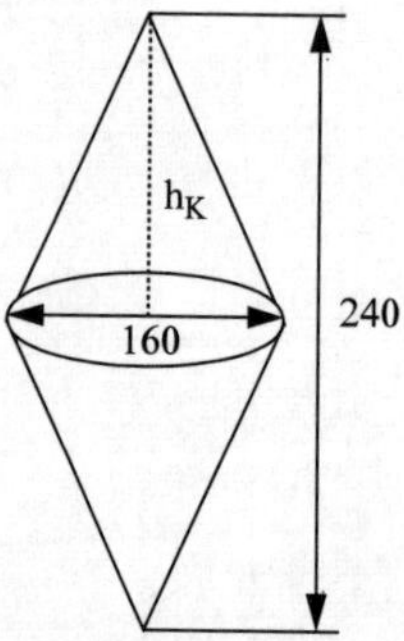

b) Volumen

$$V = 2 \cdot V_K$$

$$V = 2 \cdot \frac{1}{3} \cdot r^2 \cdot \pi \cdot h_k$$

$$V = \frac{2}{3} \cdot 80^2 \cdot 3{,}14 \cdot 120$$

$$V = 1\,607\,680 \text{ cm}^3$$

c) Höhe des Zylinders

Volumen des Zylinders

$$V_Z = \frac{V}{2}$$

$$V_Z = \frac{1\,607\,680}{2}$$

$$V_Z = 803\,840 \text{ cm}^3$$

Berechnung der Höhe

$$V_Z = r^2 \cdot \pi \cdot h$$

$$h = \frac{V_Z}{r^2 \cdot \pi}$$

$$h = \frac{803\,840}{80^2 \cdot 3{,}14}$$

$$h = 40 \text{ cm}$$

Aufgabe 3

Fruchtjogurt: Jogurt 500 g; Glas 240 g

a) Anteil des Pfandglases am Bruttogewicht

Gesamtgewicht

$G = 500 + 240$

$G = 740\text{ g}$

$$p\,\% = \frac{P \cdot 100}{G}$$

$$p\,\% = \frac{240 \cdot 100}{740}$$

$$p\,\% = 32{,}43\,\%$$

b) Gewicht des Kunststoffbehälters

$9\,\% \equiv 0{,}09$

$m = 6 \cdot 740 \cdot 0{,}09$

$m = 399{,}6\text{ g}$

c) Gewicht des Altglases

Anzahl der Gläser

$A = 20\,000 : 500$

$A = 40$ Stück

Gewicht

$m = 40 \cdot 240$

$m = 9\,600\text{ g}$

$9\,600\text{ g} \equiv 9{,}6\text{ kg}$

Aufgabe 4

a) Konstruktion des Quadrats

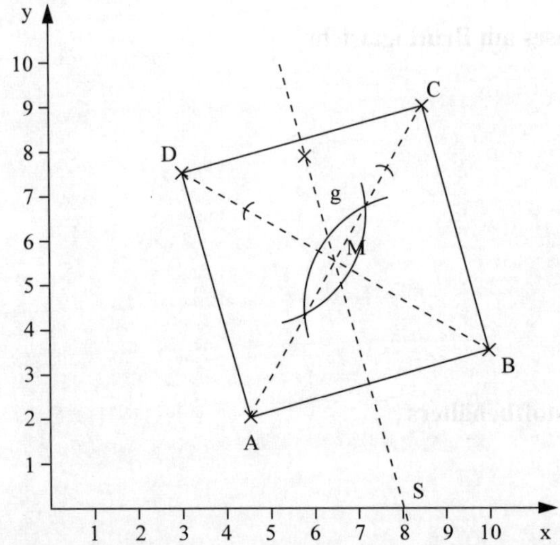

Zeichenschritte:
- Koordinatennetz zeichnen (10 | 10)
- Punkte B und D eintragen und verbinden (= Diagonale)
- Konstruktion der 2. Diagonalen: Bogen um B und um D mit Radius größer als der Hälfte der Strecke BD ⇒ 2 Schnittpunkte
- Schnittpunkte verbinden ⇒ M (6,5 | 5,5)
- Von M aus die Strecke BM 2 mal abtragen ⇒ A und C
- Quadrat ABCD einzeichnen

b) Konstruktion der Winkelhalbierenden g

Zeichenschritte:
- Bogen um M ⇒ 2 Schnittpunkte auf CM und DM
- Bögen um die Schnittpunkte ⇒ Schnittpunkt
- Winkelhalbierende einzeichnen ⇒ S (8 | 0)

c) Erklärung für die Winkelgröße

Die Diagonalen im Quadrat stehen aufeinander senkrecht; sie bilden also 90°-Winkel. Die Winkelhalbierende der Diagonalen teilt den rechten Winkel in zwei 45°-Winkel.

Abschlussprüfung an Hauptschulen in Bayern 1999
Mathematik – Aufgabengruppe IV

Aufgaben: **Punkte**

1. Die Mutter von Isabella ist heute 4 mal so alt wie ihre Tochter. In 12 Jahren wird die Mutter nur noch doppelt so alt sein wie die Tochter. Wie alt sind Mutter und Tochter heute?
Löse die Aufgabe mithilfe einer Gleichung. 5

2. Ein rechteckiges Grundstück muss im Rahmen einer Erschließungsmaßnahme für den Bau einer Straße geteilt werden. Dabei entstehen eine dreieckige und eine trapezförmige Fläche (siehe Skizze).

a) Wie groß ist die abgetrennte Dreiecksfläche?

b) Beide Grundstücke sollen entlang der Straße durch einen Gartenzaun gesichert werden.
Wie viele Meter Gartenzaun werden insgesamt benötigt?

c) Das verbleibende trapezförmige Baugrundstück soll in vier gleich große Flächen aufgeteilt werden.
Berechne den Preis für einen Bauplatz, wenn ein Quadratmeter 385 DM kostet.

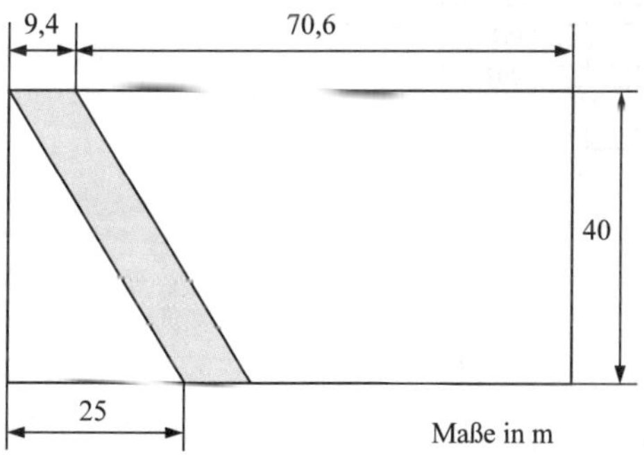

7

3. Um 8.00 Uhr fährt Herr Aumüller mit einem PKW von A-Dorf ins 240 km entfernte B-Dorf und braucht für diese Strecke 4 Stunden. Um 9.00 Uhr folgt ihm Frau Bayer im Sportwagen.

a) Berechne die durchschnittliche Geschwindigkeit, mit der Herr Aumüller fährt.

b) Wie schnell müsste Frau Bayer durchschnittlich fahren um gleichzeitig mit Herrn Aumüller in B-Dorf einzutreffen?

c) Um 10.30 Uhr wird Frau Bayer durch eine Reifenpanne 15 Minuten aufgehalten.
Berechne die nun nötige Geschwindigkeit um das Treffen mit Herrn Aumüller trotzdem einzuhalten.

d) Stelle den tatsächlichen Fahrtverlauf der beiden PKW grafisch dar. (Wegachse: 1 cm ≙ 20 km; Zeitachse: 2 cm ≙ 1 Std.) 7

4. Das Diagramm zeigt die Entwicklung der Weltbevölkerung in den verschiedenen Regionen der Erde für die Jahre 1990 und 2025.

a) Wie viele Menschen werden voraussichtlich im Jahr 2025 auf der Erde insgesamt leben?

b) Stelle die Anteile der Weltbevölkerung für das Jahr 2025 in einem Kreisdiagramm dar (r = 5 cm).
Runde auf ganze Grad.

So wächst die Weltbevölkerung (in Mio)

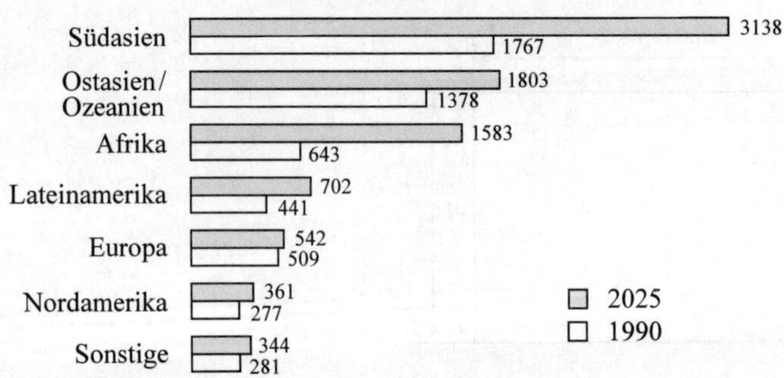

5

Aufgabe 1

	heute	in 12 Jahren
Mutter	4x	2 (x + 12)
Isabella	x	4x + 12

Gleichung

$2(x+12) = 4x+12$ | Klammer auflösen

$2x+24 = 4x+12$ | $-2x-12$

$12 = 2x$ | $:2$

$6 = x$

Isabella: 6 Jahre Mutter: $4 \cdot 6 = 24$ Jahre

Probe:

$$2(6+12) = 4 \cdot 6+12$$
$$36 = 36$$

⇒ Da auf beiden Seiten des Gleichheitszeichens der gleiche Wert ermittelt wurde, ist die Lösung der Gleichung richtig.

Aufgabe 2

Parallelogramm: $s = 9{,}4$ m
Rechtwinkliges Dreieck: Kathete 1 = 25 m; Kathete 2 = 40 m
Trapez: $g_1 = 70{,}6$ m; $g_2 = 70{,}6$ m – 25 m; h = 40 m

a) Fläche des Dreiecks

$$A_D = \frac{k_1 \cdot k_2}{2}$$
$$A_D = \frac{25 \cdot 40}{2}$$
$$A_D = 500\ m^2$$

b) Länge des Gartenzaunes

Hypotenuse des Dreiecks

$c^2 = a^2 + b^2$

$c^2 = 25^2 + 40^2$

$c^2 = 625 + 1600$

$c^2 = 2225$

$c = \sqrt{2225}$

$c = 47{,}169$

$c \approx 47{,}17$ m

Länge des Gartenzauns

Länge = $2 \cdot 47{,}17$

Länge = 94,34 m

c) Preis für einen Bauplatz

Fläche des Trapezes

$$A_T = \frac{g_1 + g_2}{2} \cdot h$$

$$A_T = \frac{70{,}6 + 70{,}6 - 25}{2} \cdot 40$$

$$A_T = 2324 \text{ m}^2$$

Größe eines Grundstücks

$A_G = 2324 : 4$

$A_G = 581 \text{ m}^2$

Preis eines Bauplatzes

$P = 581 \cdot 385$

P = 223 685 DM

Aufgabe 3

Einholaufgabe

Aumüller: Abfahrt 8.00 Uhr; s = 240 km; t = 4 h

Bayer: Abfahrt 9.00 Uhr

a) Durchschnittsgeschwindigkeit Aumüller

$$v = \frac{s}{t}$$

$$v = \frac{240}{4}$$

$$v = 60 \frac{\text{km}}{\text{h}}$$

b) Durchschnittsgeschwindigkeit Bayer

t = 3 h

$$v = \frac{240}{3}$$

$$v = 80\,\frac{km}{h}$$

c) Durchschnittsgeschwindigkeit Bayer nach der Pause

Strecke bis zur Panne

t = 1,5 h

s = v · t

s = 80 · 1,5

s = 120 km

Durchschnittsgeschwindigkeit

t = 1,25 h

$$v = \frac{120}{1{,}25}$$

$$v = 96\,\frac{km}{h}$$

d) Zeichnung

Wegachse: 1 cm ⇒ 20 km (12 cm)

Zeitachse: 2 cm ⇒ 1 Std. (8 cm)

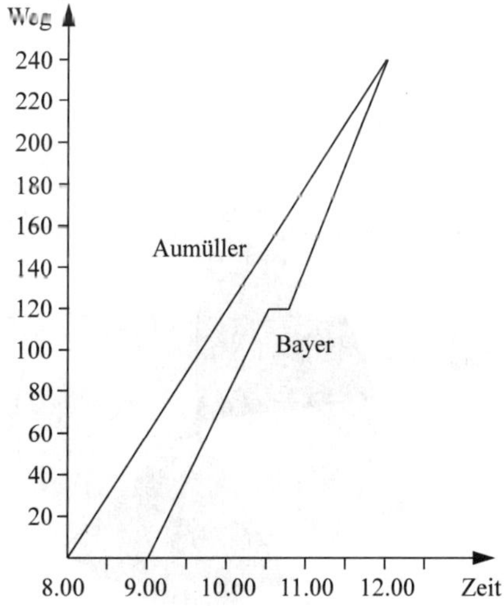

Zeichenschritte:

– Aumüller: Abfahrt 8.00 – nach 4 Std. (12.00) 240 km
– Bayer: Abfahrt 9.00 – nach 1,5 Std. (10.30) 120 km
15 Minuten Pause ⇒ 5 mm waagrecht
Endpunkt mit 12.00 | 240 verbinden

Aufgabe 4

a) Erdbewohner 2025

	Bewohner Mio.	Winkel
Südostasien	3138	≈133°
Ostasien	1803	≈ 77°
Afrika	1583	≈ 67°
Lateinamerika	702	≈ 30°
Europa	542	≈ 23°
Nordamerika	361	≈ 15°
Sonstige	344	≈ 15°
Summe	8473	360°

b) Kreisdiagramm

r = 5 cm

Berechnung der Winkel
8 473 Mio. ≡ 360°

$$\frac{8\,473}{360} = 23{,}5361 \text{ Mio.} \equiv 1°$$

Winkelberechnung:
Die Anzahl der Bewohner muss jeweils durch 23,5361 geteilt werden.

Z. B. Südostasien:

$$\frac{3138}{23{,}5361} = 133{,}32°$$

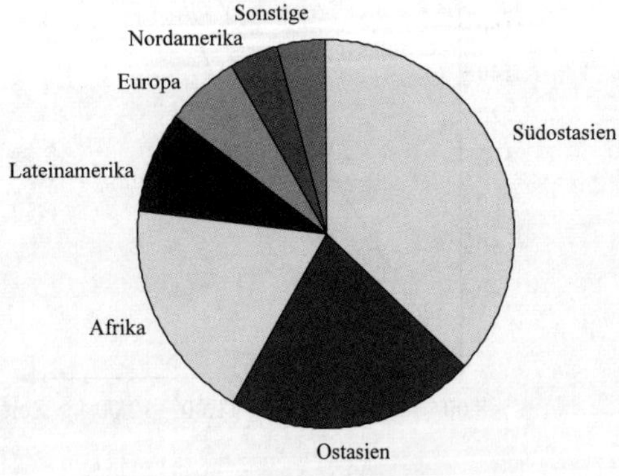

Abschlussprüfung an Hauptschulen in Bayern 1999
Mathematik – Aufgabengruppe V

Aufgaben:	**Punkte**
1. Löse folgende Gleichung: $2{,}5\,(x-9)-1{,}25\cdot 3{,}2x-(18{,}7+12x)=1{,}9\,(x+0{,}4)-4\,(4{,}8x-0{,}91)$	5
2. Zeichne ein Koordinatensystem mit der Einheit 1 cm. Trage die Punkte M (6 I 6) und T (7 I 3) ein. Zeichne einen Kreis K um M mit dem Radius $\overline{MT}$. a) Konstruiere mit Zirkel und Lineal die Senkrechte zu TM durch T. b) Ergänze die Strecke TM zum rechtwinkligen Dreieck TMA. In diesem Dreieck ist MA die Hypotenuse. Der Winkel AMT misst 60°. c) Spiegle A an TM; nenne diesen Bildpunkt B. d) Konstruiere das gleichseitige Dreieck ABC, dessen Inkreis K ist.	7
3. Pia hat geerbt. $\frac{7}{9}$ des Geldes investiert sie in eine Eigentumswohnung, die sie vermietet. Den Rest legt sie auf der Bank zu einem Zinssatz von 4,5 % an. a) Nach zwölf Monaten werden 1 800 DM Zinsen auf ihr Girokonto überwiesen. Wie hoch ist die Bankeinlage? b) Wie viel kostete die Eigentumswohnung? c) Pia erhält durch die Vermietung monatlich 448 DM. Mit welchem Zinssatz verzinst sich damit der Kaufpreis in einem Jahr? d) Um wie viele DM müsste sie die Monatsmiete erhöhen um die selbe Verzinsung wie auf der Bank zu haben?	6

4. Eine Putzkolonne soll die gläserne Fassade eines 12-geschossigen Hochhauses reinigen. Für ein Stockwerk benötigen 18 Arbeiter zwei Tage.

a) Wie viele Tage brauchen sie für die gesamte Reinigungsarbeit?

b) Nach vier Tagen erkranken drei Arbeiter. Um wie viele Tage verzögert sich die Arbeit, wenn keine Arbeiter als Ersatz kommen und die tägliche Arbeitszeit gleich bleibt?

c) Die verbleibenden 15 Arbeiter sind zwölf Tage beschäftigt. Dann kommen fünf Arbeiter hinzu. Nach insgesamt wie vielen Tagen ist der Auftrag abgeschlossen? 6

Lösungen

Aufgabe 1

Schwierigkeiten:
- Klammern
- Negatives Vorzeichen vor der Klammer

$2{,}5(x-9)-1{,}25\cdot 3{,}2x-(18{,}7+12x)=1{,}9(x+0{,}4)-4(4{,}8x-0{,}91)$	Klammer auflösen
$2{,}5x-22{,}5-4x-18{,}7-12x=1{,}9x+0{,}76-19{,}2x+3{,}64$	Gleichnamige zusammenfassen
$-13{,}5x-41{,}2=-17{,}3x+4{,}4$	$\mid +17{,}3x+41{,}2$
$3{,}8x=45{,}6$	$\mid :3{,}8$
$x=12$	

Probe:

$2{,}5(12-9)-1{,}25\cdot 3{,}2\cdot 12-(18{,}7+12\cdot 12)=1{,}9(12+0{,}4)-4(4{,}8\cdot 12-0{,}91)$

$2{,}5\cdot 3-48-162{,}7=1{,}9\cdot 12{,}4-4\cdot 56{,}69$

$7{,}5-48-162{,}7=23{,}56-226{,}76$

$-203{,}2=-203{,}2$

⇒ Da auf beiden Seiten des Gleichheitszeichens der gleiche Wert ermittelt wurde, ist die Lösung der Gleichung richtig.

Aufgabe 2

Koordinatensystem (13 | 13)
M (6 | 6); T (7 | 3)

a) **Senkrechte zu TM durch T**

Zeichenschritte:
- Halbgerade MT verlängern
- Bogen um T ⇒ 2 Schnittpunkte auf MT
- Bögen um die Schnittpunkte ⇒ 2 Schnittpunkte
- Schnittpunkte verbinden ⇒ Senkrechte auf MT durch T

b) Rechtwinkliges Dreieck TMA

Zeichenschritt:
– Winkel AMT = 60° bei M abtragen ⇒ Dreieck AMT

c) A an TM spiegeln

Zeichenschritt:
– Bogen um T mit Radius TA ⇒ B

d) gleichseitiges Dreieck ABC

Zeichenschritte:
– Bogen um A mit Radius AB
– Bogen um B mit Radius AB ⇒ Schnittpunkt C
– Dreieck ABC ergänzen

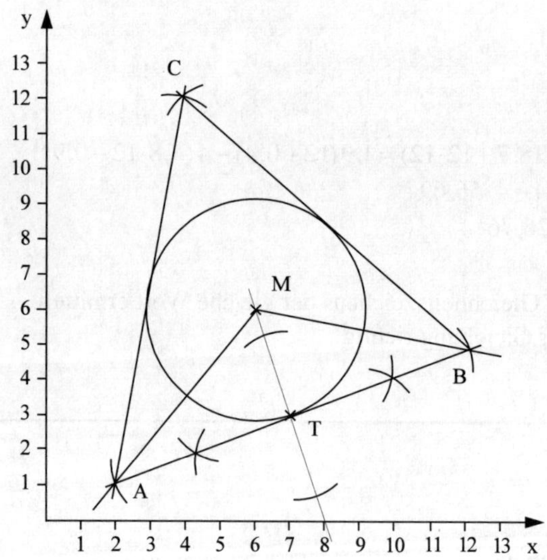

Aufgabe 3

Erbe: $\frac{7}{9}$ Investition in Eigentumswohnung

Rest $\left(\frac{2}{9}\right)$ Geldanlage; p % = 4,5 %

a) Bankeinlage

$Z = 1800 \text{ DM}$

$K = \frac{Z \cdot 100}{p\ \%}$

$K = \frac{1800 \cdot 100}{4{,}5}$

$K = 40000 \text{ DM}$

Die Bankeinlage beträgt 40 000 DM.

b) Preis der Eigentumswohnung

$40000 \text{ DM} \equiv \frac{2}{9}$

$\frac{40000}{2} = 20000 \text{ DM} \equiv \frac{1}{9}$

$20000 \cdot 7 = 140000 \text{ DM} \equiv \frac{7}{9}$

Die Eigentumswohnung kostete 140 000 DM.

c) Zinssatz

$Z = 448 \text{ DM/Monat}$

Zinsen pro Jahr

$Z = 448 \cdot 12$

$Z = 5\,376 \text{ DM}$

Zinssatz

$p\ \% = \frac{Z \cdot 100}{K}$

$p\ \% = \frac{5376 \cdot 100}{140000}$

$p\ \% = 3{,}84\ \%$

Der Kaufpreis verzinst sich zu 3,84 %.

d) Erhöhung der Monatsmiete

K = 140 000 DM; p % = 4,5 %

Zinsen

$$Z = \frac{K \cdot p\,\%}{100}$$

$$Z = \frac{140000 \cdot 4{,}5}{100}$$

$$Z = 6300 \text{ DM}$$

monatliche Einnahmen

$$E = \frac{Z}{12}$$

$$E = \frac{6300}{12}$$

$$E = 525 \text{ DM}$$

Mieterhöhung

Er = 525 − 448

Er = 77 DM

Pia müsste die Monatsmiete um 77 DM erhöhen.

Aufgabe 4

12-geschossiges Hochhaus
für 1 Stockwerk benötigen 18 Arbeiter 2 Tage

a) gesamte Reinigungszeit

t = Geschosse · Tage
t = 12 · 2
t = 24 Tage

18 Arbeiter brauchen 24 Tage

b) Verzögerung der Arbeitszeit

gesamte Arbeitszeit	Arbeiter · Tage = AT
	18 · 24 = 432 AT
in 4 Tagen erledigt	18 · 4 = 72 AT
verbleibende Arbeit	432 − 72 = 360 AT
Zeit für 15 Arbeiter	360 : 15 = 24 Tage
Verzögerung	28 − 24 = 4 Tage

Die Arbeit verzögert sich um 4 Tage.

c) Abschluss des Auftrages

verbleibende Arbeit	360 AT
in 12 Tagen erledigt	$15 \cdot 12 = 180$ AT
verbleibende Arbeit	$360 - 180 = 180$ AT
Zeit für 20 Arbeiter	$180 : 20 = 9$ Tage
gesamte Arbeitszeit	$4 + 12 + 9 = 25$ Tage

Der Auftrag ist nach 25 Tagen abgeschlossen.

Abschlussprüfung an Hauptschulen in Bayern 2000
Mathematik – Aufgabengruppe I

Aufgaben:	**Punkte**
1. Löse die folgende Gleichung: $$\frac{2(7x-6)}{3}-\frac{5x-25}{6}=3-\frac{3(9x+30)}{4}+\frac{x-1}{2}$$	5
2. Für einen Schlüsselanhänger werden aus einer kreisrunden Silberscheibe (Dicke 3 mm) ein Loch zum Aufhängen und ein herzförmiges Schmuckornament ausgestanzt (siehe Skizze). Wie schwer ist der Anhänger, wenn die Dichte der Silberlegierung 10,5 g/cm^3 beträgt? 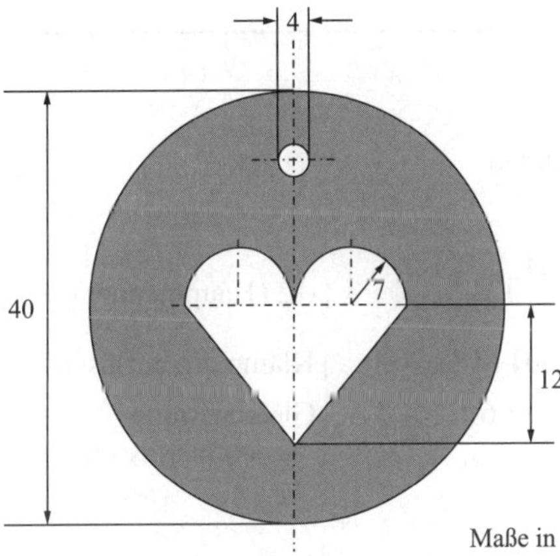 Maße in mm	6
3. Herr und Frau Schuster planen mit ihren beiden Kindern (Anna: 7 Jahre, Thomas: 13 Jahre) den Sommerurlaub. Beim Veranstalter A kostet die Pauschalreise insgesamt 6 120 DM. Jedes Kind zahlt dabei 30 % weniger als ein Erwachsener. Der Veranstalter B bietet die Reise mit einer 55 %igen Ermäßigung vom vollen Preis für Kinder unter 12 Jahren an. Anna würde demnach 742,50 DM zahlen. Für Thomas gibt es keine Ermäßigung. a) Wie viel zahlt jedes Familienmitglied jeweils beim Veranstalter A? b) Wie viel zahlt die Familie insgesamt beim Veranstalter B? c) Um wie viel Prozent reist Familie Schuster mit dem Veranstalter B günstiger?	6

4. Trage in ein Koordinatensystem mit der Einheit 1 cm die Punkte A (1|6), B (8|13) und C (6,5|0,5) ein.
   a) Konstruiere die Mittelsenkrechte der Strecke [AB] und die Winkelhalbierende des Winkels ∢ (CAB).
   b) Bezeichne den Schnittpunkt der in Aufgabe a) konstruierten Linien mit M. Gib die Koordinaten von M an.
   c) Konstruiere von M das Lot auf die Strecke [AC]. Bezeichne den Fußpunkt des Lots mit E.
   d) M ist der Mittelpunkt und E ein Eckpunkt eines regelmäßigen Sechsecks. Konstruiere das Sechseck. 7

Lösungen

Aufgabe 1

Schwierigkeiten:
- Bruchterm
- Negatives Vorzeichen vor der Klammer
- Klammern

$$\frac{2(7x-6)}{3}-\frac{5x-25}{6}=3-\frac{3(9x+30)}{4}+\frac{x-1}{2} \quad |\cdot 12 \text{ (Hauptnenner)}$$

$$8(7x-6)-2(5x-25)=36-9(9x+30)+6(x-1) \quad | \text{Klammern auflösen}$$

$$56x-48-10x+50=36-81x-270+6x-6 \quad | \text{Gleichnamige zusammenfassen}$$

$$46x+2=-240-75x$$

$$121x=-242 \quad |:121$$

$$x=-2$$

Probe:

$$\frac{2(7\cdot(-2)-6)}{3}-\frac{5\cdot(-2)-25}{6}=3-\frac{3\cdot(9\cdot(-2)+30)}{4}+\frac{-2-1}{2}$$

$$\frac{-40}{3}-\frac{-35}{6}=3-\frac{36}{4}+\frac{-3}{2}$$

$$-160+70=36-108-18$$

$$-90=-90$$

⇒ Da auf beiden Seiten des Gleichheitszeichens der gleiche Wert ermittelt wurde, ist die Lösung der Gleichung richtig.

Aufgabe 2

Zylinder aus Silber: $\rho = 10{,}5\ g/cm^3$; $h_k = 3$ mm; d = 40 mm (→ r = 20 mm)

Ausstanzungen:

1. Zylinder: d = 4 mm (⇒ r = 2 mm), $h_k = 3$ mm
2. Zylinder (2 Halbkreissäulen): r = 7mm, $h_k = 3$ mm
3. Dreiecksäule: g = 4r, $h_D = 12$ mm, $h_k = 3$ mm

Berechnung des Volumens

Zylinder

$$V_Z = r^2 \cdot \pi \cdot h_k$$
$$V_Z = 20^2 \cdot 3{,}14 \cdot 3$$
$$V_Z = 3\,768\ mm^3$$

1. Zylinder:

$$V_{Z1} = 2^2 \cdot 3{,}14 \cdot 3$$
$$V_{Z1} = 37{,}68\ mm^3$$

2. Zylinder:

$$V_{Z2} = 7^2 \cdot 3{,}14 \cdot 3$$
$$V_{Z2} = 461{,}58\ mm^3$$

Dreiecksäule

$$V_D = \frac{g \cdot h}{2} \cdot h_k$$
$$V_D = \frac{28 \cdot 12}{2} \cdot 3$$
$$V_D = 504\ \ mm^3$$

Gesamtvolumen

$$V = V_Z - V_{Z1} - V_{Z2} - V_D$$
$$V = 3768 - 37{,}68 - 461{,}58 - 504$$
$$V = 2\,764{,}74\ mm^3$$
$$V = 2{,}76474\ cm^3$$

Masse des Schlüsselanhängers

$$m = V \cdot \rho$$
$$m = 2{,}76474 \cdot 10{,}5$$
$$m = 29{,}02977\ g$$

Aufgabe 3

Pauschalreise für 4 Personen (2 Erwachsene; Anna 7 Jahre; Thomas 13 Jahre)
Veranstalter A: Preis 6 120 DM; Kinder zahlen 30 % weniger als Erwachsene
Veranstalter B: 55 % Ermäßigung zum vollen Preis für Kinder unter 12 Jahre = 742,50 DM

a) Preis für jedes Familienmitglied bei Veranstalter A

Erwachsene	Kinder	gesamt
x	0,7x	6 120 DM

Gleichung:

$$2x + 2 \cdot 0,7x = 6\,120$$

$$3,4x = 6\,120 \quad |:3,4$$

$$x = 1\,800$$

Ein Erwachsener bezahlt 1 800 DM.

Preis für ein Kind:
$P = 0,7 \cdot 1\,800$
$P = 1\,260$ DM
Ein Kind bezahlt 1 260 DM.

b) Gesamtpreis bei Veranstalter B

Berechnung des Normalpreises
$P = 742,50$ DM; $p\,\% = 45\,\%$

$$G = \frac{P \cdot 100}{p\%}$$

$$G = \frac{742,50 \cdot 100}{45}$$

$$G = 1\,650 \text{ DM}$$

Berechnung des Gesamtpreises

$$G = 3 \cdot 1\,650 + 742,50$$

$$G = 5\,692,50 \text{ DM}$$

Die Familie Schuster zahlt insgesamt 5 692,50 DM.

c) prozentuale Vergünstigung

G = 6 120 DM; P = 5 692,50 DM

$$p\ \% = \frac{P \cdot 100}{G}$$

$$p\ \% = \frac{5\,692,50 \cdot 100}{6\,120}$$

$$p\ \% = 93,0147\ \%$$

Vergünstigung

100 % – 93,0147 % = 6,9853 %

Veranstalter B ist um 6,9853 % günstiger.

Aufgabe 4

Koordinatensystem (14|14)

Punkte: A (1|6), B (8|13), C (6,5|0,5)

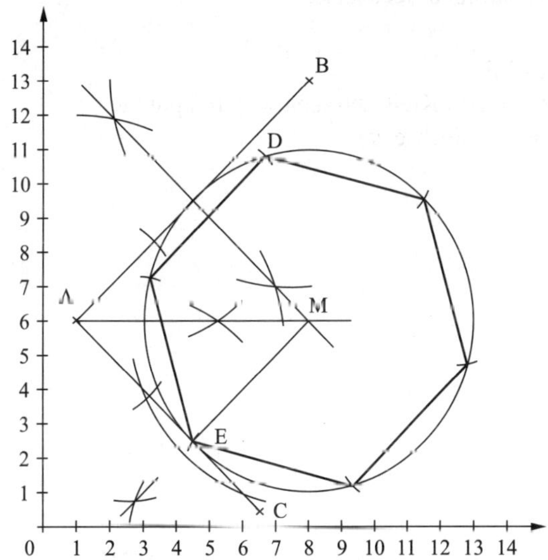

a) Konstruktion der Mittelsenkrechten der Strecke AB

Zeichenschritte:

– Bögen um A und B mit Radius größer als der Hälfte der Strecke AB ⇒ 2 Schnittpunkte

– Schnittpunkte verbinden ⇒ Mittelsenkrechte

Konstruktion der Winkelhalbierenden des Winkels CAB
Zeichenschritte:
- Bogen um A ⇒ 2 Punkte auf AB und AC
- Bögen um die beiden Punkte ⇒ Schnittpunkt
- Schnittpunkt mit A verbinden ⇒ Winkelhalbierende

b) Koordinaten von M

M (8|6)

c) Konstruktion des Lots von M auf AC

Zeichenschritte:
- Bogen um M ⇒ 2 Schnittpunkte auf AC
- Bögen um die Schnittpunkte ⇒ Schnittpunkt
- Schnittpunkt mit M verbinden ⇒ Lot von M auf AC

d) Konstruktion eines regelmäßigen Sechsecks

Zeichenschritte:
- Kreis um M mit Radius ME
- den Radius ME 6-mal auf dem Kreis abtragen ⇒ 6 Eckpunkte
- die Eckpunkte verbinden ⇒ Sechseck

Abschlussprüfung an Hauptschulen in Bayern 2000
Mathematik – Aufgabengruppe II

Aufgaben:	**Punkte**
1. Ein Tanklastzug wurde in einen Unfall verwickelt und der Tank beschädigt. Dabei liefen $\frac{2}{5}$ des Inhalts aus. Der Rest wurde von der Feuerwehr in andere Behälter umgefüllt, wobei $\frac{1}{7}$ des Gesamtinhalts nicht ausgepumpt werden konnte. 63 Liter gingen außerdem während des Umfüllvorganges verloren, sodass die Feuerwehr schließlich noch 12 737 Liter abtransportieren konnte.	
a) Wie viele Liter waren vor dem Unfall im Tank? Löse mithilfe einer Gleichung.	
b) Wie viele Liter verblieben im Tank?	7
2. Josefine bekommt von ihrer Kraftfahrzeug-Haftpflichtversicherung die Mitteilung über die zu bezahlende Prämie. Bisher zahlte sie 551,00 DM pro Jahr. Nach einem Jahr unfallfreien Fahrens wird ihr Beitragssatz auf 70 % des vorherigen Beitrages festgesetzt.	
a) Wie hoch wäre die zu zahlende Prämie?	
Gleichzeitig wird ihr in der Rechnung mitgeteilt, dass eine allgemeine Tarifänderung notwendig sei und sie deshalb jetzt einen Beitrag von 526,40 DM zu überweisen habe.	
b) Wie viel müsste Josefine bei dem erhöhten neuen Beitragssatz zahlen, wenn sie keinen Nachlass für unfallfreies Fahren erhalten würde?	
c) Wie hoch ist die prozentuale Beitragserhöhung bezogen auf den bisherigen Versicherungsbeitrag von 551,00 DM?	6
3. In einem quaderförmigen Raum ist ein Dreieck aufgespannt (siehe Skizze). Berechne die Fläche des Dreiecks und runde das Endergebnis auf zwei Dezimalstellen.	

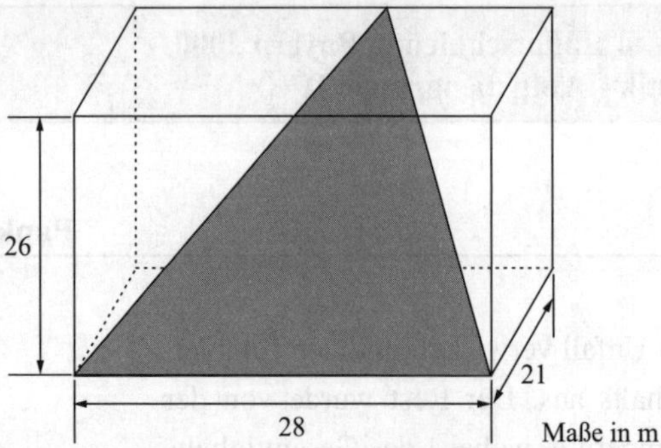

4. Zwei Familien reisen von ihrem Heimatdorf aus an einen 450 km entfernten gemeinsamen Urlaubsort. Familie 1 startet um 8.00 Uhr und kann mit einer Durchschnittsgeschwindigkeit von 75 km/h bis zum Zielort durchfahren.
Familie 2 fährt um 9.00 Uhr von zu Hause ab und legt in der Stunde durchschnittlich 90 km zurück, bis ein Stau die Fahrt für 15 Minuten stoppt. Jetzt sind es noch 250 km bis zum gemeinsamen Ziel.

a) Mit welcher Durchschnittsgeschwindigkeit muss Familie 2 weiterfahren, um gleichzeitig mit Familie 1 am Urlaubsort einzutreffen?
b) Um wie viel Uhr treffen die beiden Familien am Urlaubsort ein?

Ermittle die Geschwindigkeit und die Treffzeit aus der zeichnerischen Lösung der Aufgabe.
Maßstab : 2 cm ⇒ 1 h
2 cm ⇒ 100 km 6

Lösungen

Aufgabe 1

Tanklastzug

gesamt	ausgelaufen	nicht ausgepumpt	verloren	Abtransport
x	$\frac{2}{5}x$	$\frac{1}{7}x$	63 ℓ	12 737 ℓ

a) Inhalt des Tanks

$$x-\frac{2}{5}x-\frac{1}{7}x-63=12737 \qquad |\cdot 35 \text{ (Hauptnenner)}$$

$$35x-14x-5x-2205=445795 \qquad |\text{ zusammenfassen}$$

$$16x-2205=445795 \qquad |+2205$$

$$16x=448000 \qquad |:16$$

$$x=28000$$

Es waren 28 000 ℓ im Tank.

b) Rest im Tank

$$R=\frac{1}{7}x$$

$$R=\frac{1}{7}\cdot 28000$$

$$R=4\,000\ \ell$$

Es bleiben 4 000 ℓ im Tank.

Aufgabe 2

Kfz-Haftpflichtversicherung
Prämie = 551 DM/Jahr; Beitragssatz 70 %

a) Höhe der Prämie

G = 551 DM, p % = 70 %

$$P=\frac{G\cdot p\%}{100}$$

$$P=\frac{551\cdot 70}{100}$$

$$P=385{,}70\text{ DM}$$

b) Höhe des Grundbetrages

P = 526,40 DM; p % = 70 %

$$G=\frac{P\cdot 100}{p\%}$$

$$G=\frac{526{,}40\cdot 100}{70}$$

$$G=752\text{ DM}$$

c) prozentuale Beitragserhöhung

G = 551 DM; P = 752 DM

$$p\,\% = \frac{P \cdot 100}{G}$$

$$p\,\% = \frac{752 \cdot 100}{551}$$

$$p\,\% = 136{,}47912\,\%$$

Die Beitragserhöhung beträgt 36,47912 %.

Aufgabe 3

Quader: $\ell = 28$ m, b = 21 m, h = 26 m

Dreieck: $g = \ell$, h_D = Diagonale der Seitenfläche des Quaders

Berechnung der Diagonalen

Lehrsatz des Pythagoras

Katheten: b = 21 m, h = 26 m

Hypotenuse: d = ?

$$d^2 = b^2 + h^2$$

$$d = \sqrt{b^2 + h^2}$$

$$d = \sqrt{21^2 + 26^2}$$

$$d = \sqrt{441 + 676}$$

$$d = \sqrt{1117}$$

$$d = 33{,}421\ \text{m}$$

Skizze

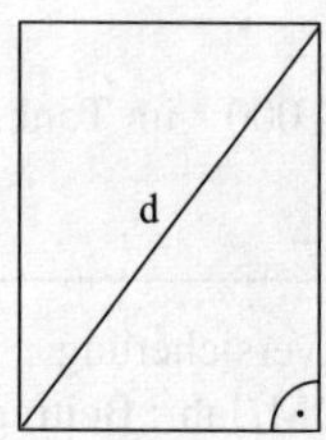

Berechnung der Dreiecksfläche

$$A_D = \frac{\ell \cdot d}{2}$$

$$A_D = \frac{28 \cdot 33{,}42\,\ell}{2}$$

$$A_D = 467{,}90168\ \text{m}^2$$

Aufgabe 4

Einholaufgabe
s = 450 km

Familie 1: Abfahrt 8.00 Uhr, $v = 75 \frac{km}{h}$

Familie 2: Abfahrt 9.00 Uhr, $v = 90 \frac{km}{h}$, Stau 15 Minuten

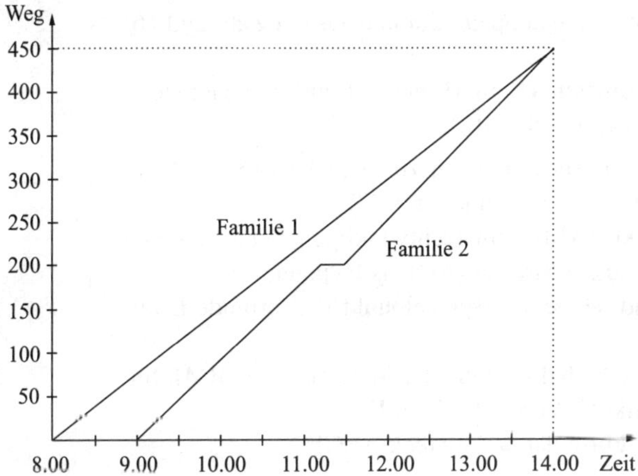

Zeichenschritte:
- Koordinatensystem:
  Zeitachse: 2 cm ≡ 1 h (14 cm)
  Wegachse: 2 cm ≡ 100 km (10 cm)
- Familie 1: in 4 Stunden 300 km gefahren: Strecke bis 450 km eintragen ⇒ 450 km/14.00 Uhr
- Familie 2: in 2 Stunden 180 km gefahren: Strecke bis 200 km eintragen
  - 15 Minuten Stau: 5 mm waagrecht
  - Endpunkt mit 450 km/14.00 Uhr verbinden

a) Durchschnittsgeschwindigkeit von Familie 2 nach dem Stau

in 1 Stunde 100 km ⇒ $v = 100 \frac{km}{h}$

b) Ankunftzeit

14.00 Uhr

Abschlussprüfung an Hauptschulen in Bayern 2000
Mathematik – Aufgabengruppe III

Aufgaben:	**Punkte**

1. Subtrahiert man vom Fünffachen einer Zahl die Differenz aus der Zahl und 4, so erhält man die doppelte Summe aus der Zahl und 16. 4

2. Zeichne in ein Koordinatensystem (Einheit 1 cm) die Gerade g durch die Punkte A (2|4) und S (14|8).

a) Konstruiere die Mittelsenkrechte m zur Strecke [AS] und benenne den Schnittpunkt von m und g mit M.

b) Ergänze die Strecke [AM] zum rechtwinkligen Dreieck AMD mit $\overline{MD}$ = 5 cm und der Strecke [AD] als Hypotenuse.

c) Spiegle D an g und nenne den Spiegelpunkt B. Verbinde B mit S und A.

d) Konstruiere die Winkelhalbierende des Winkels ∢ (SBM). Sie schneidet g im Punkt C. Verbinde C mit D.
Welche besondere Form hat das Viereck ABCD ? 6

3. Herr Schneider möchte für seinen Handwerksbetrieb eine Haftpflichtversicherung abschließen. Die Versicherungssumme soll 450 000 DM betragen. Er vergleicht die Angebote zweier Versicherungen.

a) Versicherung A berechnet als Jahresprämie einen Promillesatz von 2,96 ‰ der Versicherungssumme. Dazu kommt die jährliche Versicherungssteuer von 199,80 DM.
Berechne die Jahresprämie und den jährlichen Gesamtbetrag.

b) Versicherung B erhebt vierteljährlich einen Gesamtbetrag von 362,25 DM. Darin sind 47,25 DM Versicherungssteuer enthalten. Berechne den jährlichen Gesamtbetrag und den Promillesatz, der für die Jahresprämie veranschlagt wird.

c) Herr Schneider entscheidet sich für Versicherung B. Nach fünf Jahren hat er einen Haftpflichtschaden und erhält von der Versicherung 28 000 DM.
Berechne den Gesamtbetrag, den Herr Schneider in fünf Jahren an die Versicherung überwiesen hat und gib an, wie viel Prozent der Entschädigung das sind. 7

4. Ein massiv aus Stahl gefertigtes Werkstück besteht aus einer quaderförmigen Bodenplatte mit einem Aufsatz, der die Form einer quadratischen Pyramide hat (siehe Skizze).
Die Bodenplatte ist an vier Stellen durchbohrt. Der Durchmesser der Bohrlöcher beträgt 0,8 cm.

a) Berechne das Volumen des Werkstücks.

b) Berechne die Masse des Werkstücks $\left(\rho = 7{,}9 \frac{g}{cm^3}\right)$

Hinweis: Runde alle Teilergebnisse auf eine Dezimalstelle.

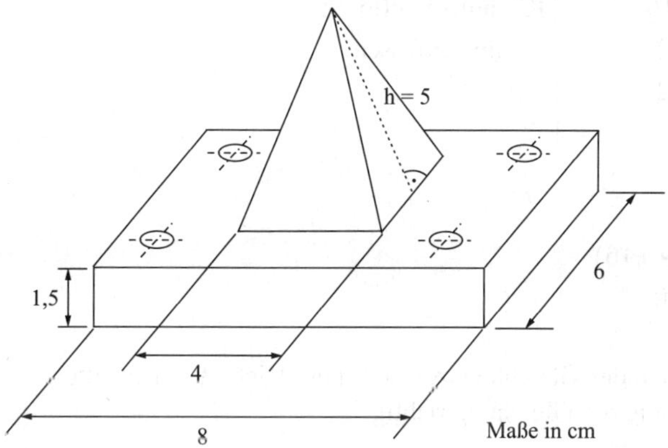

7

Lösungen

Aufgabe 1

Zerlegen der Aufgabe in Teilschritte:

– das Fünffache einer Zahl	5x
– subtrahiert die Differenz aus der Zahl und 4	– (x – 4)
– so erhält man	=
– die doppelte Summe aus der Zahl und 16	2 (x + 16)

Gleichung

$$5x-(x-4)=2(x+16) \quad | \text{ Klammern auflösen}$$
$$5x-x+4=2x+32 \quad | \text{ zusammenfassen}$$
$$4x+4=2x+32 \quad | -2x-4$$
$$2x=28 \quad | :2$$
$$x=14$$

Probe

$$5\cdot 14-(14-4)=2(14+16)$$
$$70-10=2\cdot 30$$
$$60=60$$

⇒ Da auf beiden Seiten des Gleichheitszeichens der gleiche Wert ermittelt wurde, ist die Lösung der Gleichung richtig.

Aufgabe 2

Koordinatensystem (12|14)
Punkte: A (2|4); S (14|8)

a) Konstruktion der Mittelsenkrechten m

Zeichenschritte:
- Bögen um A und S mit Radius größer als die halbe Strecke AS ⇒ 2 Schnittpunkte
- Schnittpunkte verbinden ⇒ Mittelsenkrechte m
- Punkt M

b) rechtwinkliges Dreieck AMD

Zeichenschritte:
- von M aus 5 cm auf der Mittelsenkrechten nach oben abtragen ⇒ Punkt D
- Punkte A und D verbinden ⇒ Hypotenuse

c) Spiegelung von D an g

Zeichenschritte:
- von M aus 5 cm auf der Mittelsenkrechten nach unten abtragen ⇒ Punkt B
- Punkt B mit den Punkten A und S verbinden

d) Winkelhalbierende des Winkels SBM

Zeichenschritte:
- Bogen um B ⇒ Schnittpunkte auf BS und BM
- Bögen um die Schnittpunkte ⇒ Schnittpunkt
- Schnittpunkt mit B verbinden ⇒ Winkelhalbierende
- C mit D verbinden

Viereck ABCD = Drachenviereck

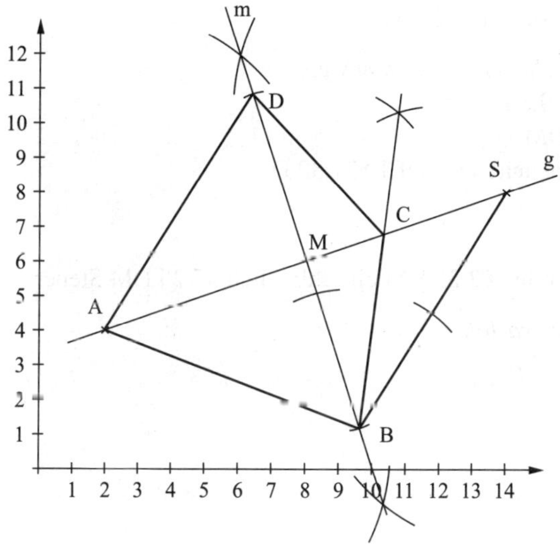

Aufgabe 3

Versicherungssumme K = 450 000 DM

a) Jahresprämie der Versicherung A

K = 450 000 DM, p ‰ = 2,96 ‰, Steuer = 199,80 DM

Berechnung der Jahresprämie P

$$P = \frac{K \cdot p‰}{1\,000}$$

$$P = \frac{450\,000 \cdot 2{,}96}{1\,000}$$

$$P = 1\,332 \text{ DM}$$

Die Jahresprämie beträgt 1 332 DM

Berechnung des jährlichen Gesamtbetrages

Betrag = 1 332 + 199,80
Betrag = 1 531,80 DM
Der Gesamtbetrag beläuft sich auf 1 531,80 DM.

b) Versicherung B

Vierteljährliche Prämie 362,25 DM einschließlich 47,25 DM Steuer

Prämie ohne Steuer pro Jahr

P = 4 · (362,25 − 47,25)
P = 1 260 DM

Promillesatz

$$p‰ = \frac{P \cdot 1\,000}{G}$$

$$p‰ = \frac{1\,260 \cdot 1\,000}{450\,000}$$

$$p‰ = 2{,}8‰$$

c) Haftpflichtschaden

Erstattungsbetrag nach 5 Jahren: 28 000 DM (= Grundwert)

Gesamtbetrag nach 5 Jahren

G = 5 · (1 260 + 4 · 47,25)
G = 5 · 1 449
G = 7 245 DM (= Prozentwert)

Prozentsatz

$$p\,\% = \frac{P \cdot 100}{G}$$

$$p\,\% = \frac{7\,245 \cdot 100}{28\,000}$$

$$p\,\% = 25{,}875\,\%$$

Herr Schneider erhält 25,875 % der Entschädigung.

Aufgabe 4

quadratische Pyramide: $s = 4$ cm, $h_D = 5$ cm
Quader: $l = 8$ cm, $b = 6$ cm, $h = 1{,}5$ cm
4 Zylinder: $d = 0{,}8$ cm, $h = 1{,}5$ cm
$\rho_{Stahl} = 7{,}9\ g/cm^3$

a) Volumen des Werkstücks

Pyramide
Berechnung der Höhe der Pyramide
Lehrsatz des Pythagoras

Katheten: $\frac{s}{2} = 2$ cm ; $h_k = ?$

Hypotenuse: $h = 5$ cm

$$h_k^2 = h^2 - \left(\frac{s}{2}\right)^2$$

$$h_k = \sqrt{h^2 - \left(\frac{s}{2}\right)^2}$$

$$h_k = \sqrt{5^2 - 2^2}$$

$$h_k = \sqrt{25 - 4}$$

$$h_k = \sqrt{21}$$

$$h_k = 4{,}58\ \text{cm}$$

$$h_k \approx 4{,}6\ \text{cm}$$

Volumen der Pyramide:

$V_P = \frac{1}{3} \cdot s^2 \cdot h_k$

$V_P = \frac{1}{3} \cdot 4^2 \cdot 4{,}6$

$V_P = 24{,}53\ cm^3$

$V_P \approx 24{,}5\ cm^3$

Volumen des Quaders:

$V_Q = \ell \cdot b \cdot h$

$V_Q = 8 \cdot 6 \cdot 1{,}5$

$V_Q = 72\ cm^3$

Volumen der Durchbohrungen:

$V_Z = 4 \cdot r^2 \cdot \pi \cdot h$

$V_Z = 4 \cdot 0{,}4^2 \cdot 3{,}14 \cdot 1{,}5$

$V_Z = 3{,}01\ cm^3$

$V_Z \approx 3\ cm^3$

Gesamtvolumen:

$V = V_P + V_Q - V_Z$

$V = 24{,}5 + 72 - 3$

$V = 93{,}5\ cm^3$

b) Masse des Werkstücks

$m = V \cdot \rho$

$m = 93{,}5 \cdot 7{,}9$

$m = 738{,}65\ g$

Abschlussprüfung an Hauptschulen in Bayern 2000
Mathematik – Aufgabengruppe IV

Aufgaben:	**Punkte**
1. Löse folgende Gleichung: $\frac{22}{x}+\frac{20}{x}-1=0{,}5-6\left(\frac{2}{x}-2\right)$	5
2. Zeichne ein Koordinatensystem mit der Einheit 1 cm und trage die Punkte A (6|1) und B (11|3) ein. a) Konstruiere ein gleichschenkliges Dreieck ABC mit der Schenkellänge 7 cm. b) Konstruiere die Mittelsenkrechte zur Strecke [AB]. c) Konstruiere durch den Punkt C die Parallele zur Strecke [AB]. d) Lege durch Konstruktion den Punkt D so fest, dass ein Parallelogramm ABCD entsteht.	6
3. Frau Michel möchte sich ein Auto für 32 000 DM kaufen. Sie hat 11 000 DM Eigenkapital. Der Autohändler bietet ihr an, den Rest in 36 Monatsraten zu je 649 DM zu bezahlen. Frau Michel könnte aber auch bei einer Bank einen Kredit zu 7,25 % mit einer Laufzeit von 3 Jahren aufnehmen. a) Wie viel müsste sie beim Angebot des Händlers insgesamt für das Auto bezahlen? b) Bei Barzahlung erhält Frau Michel vom Händler 3 % Skonto auf den Kaufpreis. Welchen Betrag müsste sie dann bei der Bank aufnehmen? c) Wie viele DM müsste Frau Michel an die Bank insgesamt zurückzahlen? d) Wie viele DM kann Frau Michel beim günstigeren Angebot sparen?	7

4.

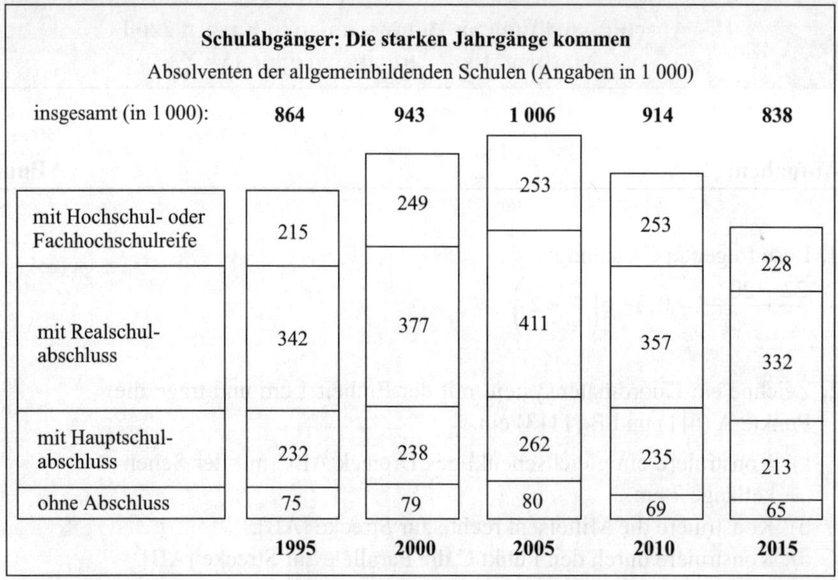

Quelle: KMK

a) Stelle die Anteile der Abgänger für das Jahr 2000 in einem Kreisdiagramm (r = 5 cm) dar. Runde auf ganze Grad.
b) Wie viele Schüler verlassen durchschnittlich die Hauptschule mit Abschluss in den im Diagramm dargestellten Jahrgängen?
c) Um wie viel Prozent liegt die Zahl der Abgänger mit Hauptschulabschluss im Jahr 2000 über/unter dem Durchschnitt? Runde auf zwei Dezimalstellen. 6

Lösungen

Aufgabe 1

Schwierigkeiten:
- x im Nenner
- Klammer auflösen (negatives Vorzeichen)

$$\frac{22}{x}+\frac{20}{x}-1=0{,}5-6\left(\frac{2}{x}-2\right) \qquad |\,\text{Klammern auflösen}$$

$$\frac{42}{x}-1=0{,}5-\frac{12}{x}+12 \qquad |\cdot x$$

$$42-x=0{,}5x-12+12x \qquad |\,\text{zusammenfassen}$$

$$42-x=12{,}5x-12 \qquad |+x+12$$

$$54=13{,}5x \qquad |:13{,}5$$

$$4=x$$

Probe:

$$\frac{22}{4}+\frac{20}{4}-1=0{,}5-6\left(\frac{2}{4}-2\right)$$

$$\frac{42}{4}-1=0{,}5-6\cdot\frac{6}{4}$$

$$\frac{38}{4}=\frac{38}{4}$$

⇒ Da auf beiden Seiten des Gleichheitszeichens der gleiche Wert ermittelt wurde, ist die Lösung der Gleichung richtig.

Aufgabe 2

Koordinatensystem (12 | 10)
Punkte A (6 | 1), B (11 | 3)

a) gleichschenkliges Dreieck ABC

Zeichenschritte:
- Bögen um A und B mit Radius 7 cm ⇒ Schnittpunkt C
- AC und BC verbinden ⇒ Dreieck ABC

b) Mittelsenkrechte zu AB

Zeichenschritte:
- Bögen um A und B mit Radius größer als die halbe Strecke AB ⇒ 2 Schnittpunkte
- Schnittpunkte verbinden ⇒ Mittelsenkrechte

c) Parallele zu AB durch C

Zeichenschritte:
- Bogen um C ⇒ 2 Schnittpunkte auf der Mittelsenkrechten
- Bogen um die Schnittpunkte ⇒ 2 Schnittpunkte
- Schnittpunkte verbinden ⇒ Parallele zu AB

d) Parallelogramm ABCD

Zeichenschritte:
- von C aus die Strecke AB auf der Parallelen abtragen ⇒ Punkt D
- den Punkt D mit A verbinden ⇒ Parallelogramm ABCD

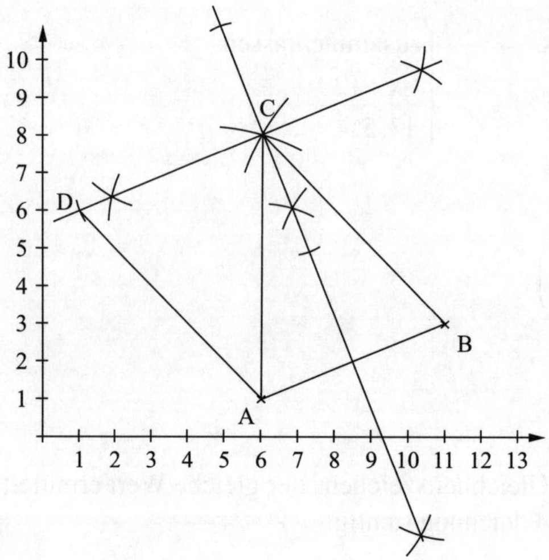

Aufgabe 3

Preis des Autos 32 000 DM, Eigenkapital 11 000 DM

Finanzierung I:	Rest 36 Monatsraten zu je 649 DM
Finanzierung II:	Kredit p % = 7,25 %, i = 3 Jahre

a) Preis des Autos beim Händler

Preis = 11 000 + 36 · 649
Preis = 34 364 DM

b) Kredit

Skonto
Barzahlungspreis = 32 000 · 0,97
Barzahlungspreis = 31 040 DM

Kredit
K = 31 040 – 11 000
K = 20 040 DM

c) Rückzahlung an die Bank

Zinsen für 3 Jahre

$$Z = \frac{K \cdot i \cdot p}{100}$$

$$Z = \frac{20\,040 \cdot 3 \cdot 7{,}25}{100}$$

$$Z = 4\,358{,}70 \text{ DM}$$

Rückzahlungsbetrag
Betrag = K + Z
Betrag = 20 040 + 4 358,70
Betrag = 24 398,70 DM

d) Ersparnis

Gesamtpreis bei Bankfinanzierung
11 000 + 24 398,70 = 35 398,70 DM

Unterschied
35 398,70 – 34 364 = 1 034,70 DM

Das Angebot des Händlers ist um 1 034,70 DM günstiger.

Aufgabe 4

a) Kreisdiagramm

	Absolventen in 1 000	Winkel in Grad
insgesamt	943	360°
Uni	249	≈ 95°
RS	377	≈ 144°
HS	238	≈ 91°
ohne	79	≈ 30°

Berechnung der Winkel

$943 \equiv 360°$

$\frac{943}{360} = 2,6194$

$2,6194 \equiv 1°$

Die Anzahl der Absolventen muss jeweils durch 2,6194 geteilt werden z. B. Uni

$\frac{249}{2,6194} = 95,05° \approx 95°$

Radius des Kreisdiagramms r = 5 cm

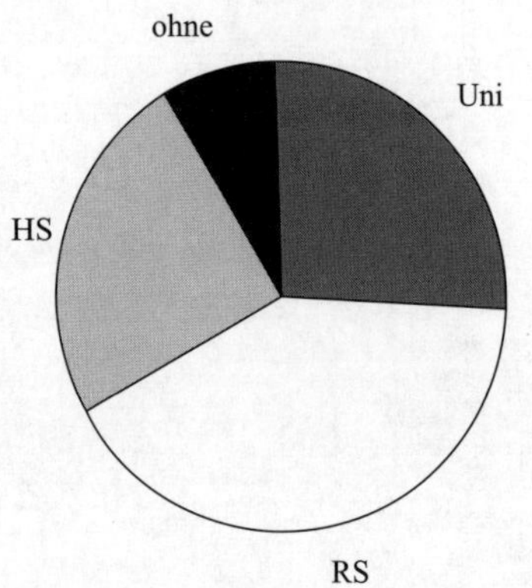

b) Durchschnitt der Hauptschüler

$D = \frac{232 + 238 + 262 + 235 + 213}{5}$

$D = 236$

Im Durchschnitt verlassen 236 000 Schüler die Hauptschule mit Abschluss.

c) Prozentuale Abweichung

G = 236, P = 238

$p\,\% = \frac{P \cdot 100}{G}$

$p\,\% = \frac{238 \cdot 100}{236}$

$p\,\% = 100,84745$

Die Zahl der Abgänger mit Hauptschulabschluss liegt um 0,85 % über dem Durchschnitt.

Ausländer erwünscht

Fluggesellschaften sind internationale Unternehmen, / nicht nur, was die Fliegerei betrifft. / Bei ihnen arbeiten in Deutschland / Menschen aus Italien, Spanien, der Türkei / und aus anderen europäischen Staaten / ohne Probleme zusammen. / Der Jugendvertreter einer deutschen Fluggesellschaft meint, / es sei sogar sehr wichtig, / ausländische Arbeitskollegen in der Schicht zu haben, / da ja auch Flugzeuge anderer Fluglinien / abgefertigt werden müssen. / Ohne ausländische Mitarbeiter / wäre eine reibungslose Abwicklung / des Flugverkehrs kaum denkbar. / Menschen aus den verschiedensten Nationen / sind hier integriert und akzeptiert. /

Auch deutsche Mitarbeiter des fliegenden Personals / werden fast jeden Tag / irgendwo auf der Welt zu Ausländern. / Sie berichten, dass in anderen Ländern / Gastfreundschaft groß geschrieben wird. / Wer solche Erfahrungen macht, / kann eigentlich gar nicht schlecht / über Ausländer denken und reden. /

Die Auszubildenden der Fluggesellschaften / können nach einem Jahr Betriebszugehörigkeit / für wenig Geld in der ganzen Welt herumfliegen. / Diese Möglichkeit wird natürlich häufig in Anspruch genommen. / Auch deswegen hat Ausländerfeindlichkeit / bei diesen Lehrlingen keine Chance. / Gemeinsam werden Probleme gelöst, / die bei der Ausbildung entstehen können. / Man hat das Gefühl, / zu einer großen internationalen Familie zu gehören. /

(174 Wörter)

Literaturangabe: Nach *basta* 1994/95. Ein Heft für Jugendliche.

Hilfe zum Nulltarif

Es sind die kleinen und großen Probleme des Alltags, der erste Liebeskummer oder die Krise mit der besten Freundin, die junge Menschen dazu bewegen, die kostenlose Rufnummer des Kinder- und Jugendtelefons anzuwählen.

Im Bereich der Bundesarbeitsgemeinschaft Kinder- und Jugendtelefon e. V. wurden im vergangenen Jahr rund 180 000 Gespräche geführt. Ein großer Vorteil dieser Art der anonymen Konfliktbewältigung ist die Neutralität der Beraterinnen und Berater. Wenn junge Leute mit ihnen über ihren Kummer sprechen, müssen sie garantiert keine spitzen Bemerkungen oder gar negativen Folgen befürchten.

Bei vielen Kindern und Jugendlichen stellt sich allerdings auch heraus, dass sie einfach niemanden haben, dem sie ihr Herz ausschütten können. Sinn der Gespräche soll vor allem die Hilfe zur Selbsthilfe sein. Die Sorgentelefone verstehen sich als erste Anlaufstelle, bei der ein „Krisenplan" zur Überwindung der Probleme entwickelt wird.

Nach den alltäglichen Beobachtungen der Leiterin des Kinderschutzbundes Köln plagen die jungen Anrufer und Anruferinnen meistens Liebes- und Beziehungsprobleme. Aber häufig geht es auch um Schulsorgen. Zu großer Leistungsdruck oder mangelnde Integration in der Klasse macht die Schule für manches Kind zur Qual. Viele rufen auch an, weil sie Selbstzweifel oder Fragen über Sexualität haben.

Der Löwenanteil der Ratsuchenden ist zwischen 11 und 16 Jahre alt. Je älter die Ratsuchenden sind, desto offener werden schwerwiegende Probleme besprochen. Jüngere dagegen sind gehemmter und sagen es nicht direkt, wenn sie zum Beispiel geschlagen werden. Sie stehen oft in einem Zwiespalt. Einerseits fühlen sie sich ihrer Familie verpflichtet und verbunden, andererseits leiden sie häufig unter den familiären Bedingungen. Sie rufen an und erzählen beispielsweise von Einsamkeit, und es bedarf eines längeren Gesprächs, um die wirklichen Ursachen für die Not des Kindes herauszufinden. Dass sich die Sorgen der jungen Leute im Lauf der Zeit geändert hätten, können die Mitarbeiterinnen des Sorgentelefons nicht beobachten. Allerdings fällt es den Jugendlichen heute leichter, auch heikle Themen wie z. B. sexuellen Missbrauch offen anzusprechen, da in den Medien häufiger darüber berichtet wird.

Bei Mädchen stößt das Kinder- und Jugendtelefon auf breitere Akzeptanz als bei den Jungen: Fast 80 Prozent der Anrufe kommen von Mädchen, bei denen offenbar mehr Bereitschaft besteht, die eigenen Schwierigkeiten aktiv anzugehen.

Die über 1 600 ehrenamtlichen Mitarbeiter an den Telefonapparaten werden durch Schulungen gründlich auf ihre Aufgaben vorbereitet. Über die Hälfte der meist weiblichen Mitarbeiter sind auch hauptberuflich im sozialen oder psychologischen Bereich tätig. Und trotzdem gibt es immer mal Momente, in denen sie überfordert sind. Besondere Belastungen entstehen zum Beispiel, wenn junge Anruferinnen oder Anrufer ihren Selbstmord ankündigen. Die Verantwortung, das Richtige zu sagen und zu raten, steigt dann immens.

Mittelerweile besteht für die Bundesrepublik ein flächendeckendes Netz von Kinder- und Jugendtelefonen. Egal von wo – egal wie lang: Hier kann sich jeder Jugendliche zum Nulltarif Rat und Hilfe holen.

Literaturangabe: Nach *Donaukurier* vom 26. 09. 1997.

Arbeitsaufträge **Punkte**

1. Viele Jugendliche wenden sich mit ihren Problemen an die Mitarbeiter des Kinder- und Jugendtelefons. Schreibe stichpunktartig vier dieser Probleme aus dem Text heraus. 2

2. Folgende Begriffe kommen im Text als Fremdwörter vor:
   - Eingliederung
   - unermesslich
   - ohne Namensangabe
   - Bereitschaft, etwas anzunehmen

   Suche im Text die passenden Fremdwörter und ordne sie entsprechend zu. 2

3. Der Autor verwendet folgende bildhafte Redewendungen:
   - jemandem sein Herz ausschütten (Zeile 11)
   - der Löwenanteil (Zeile 21)

   Erkläre diese Ausdrücke mit anderen Worten an je einem selbst gewählten Beispiel. 4

4. Manche junge Menschen fühlen sich mit ihren Sorgen bei einem <u>anonymen</u> Berater gut aufgehoben.
   a) Begründe mit Hilfe des Textes, warum dies der Fall ist. 2
   b) Erzähle von einer Situation, in der gerade ein anonymer Berater wertvolle Hilfe leisten könnte. (Umfang ca. ½ Seite) 4

5. Besonders während der Pubertät zweifeln Jugendliche oft an sich selbst und sind unsicher.
   Nenne einen möglichen Grund hierfür und formuliere dazu Gedanken, die dir durch den Kopf gehen könnten. Schreibe in der Ich-Form. 3

6. Ein persönliches Gespräch mit einer echten Bezugsperson hilft manchem Jugendlichen mehr als das Sorgentelefon.
   Beschreibe, wie ein Gesprächspartner sein bzw. sich verhalten sollte, damit du dich ihm in einer Notsituation anvertraust. 4

7. Auch in deinem Leben kann es zu Problemen kommen, z. B. im Elternhaus, im Freundeskreis oder in der Schule. Du kannst davor „fliehen“, einfach nur abwarten oder sie aktiv anpacken.
   Erläutere an einem ausgewählten Beispiel diese drei Reaktionsmöglichkeiten und bewerte sie. (Umfang ca. 1 Seite) 7

28

Lösungen

1. Vier Probleme

- erster Liebeskummer (Zeile 1)
- Krise mit der besten Freundin (Zeile 2)
- Schulsorgen: Leistungsdruck und mangelnde Integration in die Klasse (Zeile 17)
- Fragen über Sexualität (Zeile 20)

2. Fremdwörter

- Eingliederung – Integration (Zeile 18)
- unermesslich – immens (Zeile 43)
- ohne Namensangabe – anonym (Zeile 6)
- Bereitschaft, etwas anzunehmen – Akzeptanz (Zeile 33)

3. Bildhafte Redewendungen

- „Jemandem sein Herz ausschütten" bedeutet, dass man einer anderen Person Sorgen, Probleme oder was man sonst „auf dem Herzen" hat, anvertraut.
  Beispiel: Ein Schüler hatte am Wochenende Streit mit seinen Eltern. Am Montag in der Pause spricht er mit einem Schulfreund darüber, er schüttet ihm sein Herz aus.
- „Der Löwenanteil" ist der größte Teil einer Menge.
  Beispiel: Der Löwenanteil des Taschengeldes wird für Markenkleidung ausgegeben.

4. Anonyme Beratung*)

a) Da viele Jugendliche niemanden haben, dem sie ihr Herz ausschütten können, sind die gut geschulten anonymen, d. h. den Anrufern unbekannten Berater des Kinder- und Jugendtelefons die erste Anlaufstelle, bei der ein „Krisenplan" entworfen wird. Ein großer Vorteil der anonymen Konfliktberatung ist die Neutralität der Beraterinnen und Berater. Die Anrufer müssen keine spitzen Bemerkungen oder gar negativen Folgen fürchten.

*) *Anmerkung:* Der Begriff der anonymen Beratung kann unterschiedlich verstanden werden. Normalerweise ist damit gemeint, dass der Ratsuchende seinen Namen nicht zu sagen braucht und somit anonym bleiben kann. Abweichend davon geht die Aufgabenstellung des Ministeriums davon aus, dass der Berater anonym bleibt.

b) Anonyme Berater sind besonders dann wichtig, wenn es in einer wirklichen oder vermeintlichen Konfliktsituation für den Ratsuchenden keine Vertrauensperson im unmittelbaren Umfeld gibt. Ein geradezu alltägliches bzw. alljährliches Beispiel ist die Zeugnisausgabe am Ende des Schuljahres. Fällt das Zeugnis unerwartet schlecht aus oder waren die Eltern über die mangelhaften schulischen Leistungen nicht ausreichend informiert, so trauen sich manche Kinder nicht nach Hause. Sie erwarten Vorwürfe oder gar Strafen. Das Kinder- und Jugendtelefon bietet in dieser Situation eine anonyme Beratung, der man sich anvertrauen kann. Dabei ist natürlich wichtig, dass die Anrufer selbst auch anonym bleiben können.

5. Zweifel und Unsicherheit während der Pubertät

Ein Grund für Zeifel und Unsicherheit von Jugendlichen während der Pubertät liegt in der Tatsache, dass der Jugendliche erwachsen sein und die Rechte von Erwachsenen wahrnehmen möchte. Zugleich erlebt er aber immer wieder, dass ihm diese Rechte von Seiten des Elternhauses oder von der Schule verwehrt werden und dass er die damit verbundenen Konsequenzen nicht tragen kann oder nicht tragen möchte. Er ist nicht mehr Kind, aber auch nicht nicht erwachsen.

Gedanken, die ihm dabei durch den Kopf gehen könnten:
Ach, das wäre schön, wenn ich schon 18 wäre. Dann könnten mich meine Eltern und Lehrer nicht mehr so bevormunden, wie sie das im Moment tun. Ich könnte in der Woche so oft weggehen, wie ich will. Ich müsste nicht einmal täglich in die Schule gehen, denn ich könnte mir selbst Entschuldigungen schreiben. Aber mit 18 wäre ich wohl gar nicht mehr in der Schule. Ich hätte eine Lehrstelle, würde arbeiten oder wäre arbeitslos. Um nachts auszugehen würde ich Geld brauchen, das ich mir verdienen müsste. Und um eine gut bezahlte Arbeitsstelle zu bekommen, müsste ich einen guten Schulabschluss haben, und für denn müsste ich jetzt schon lernen. Dann hätten aber meine Eltern doch Recht, dass sie meine Ausgehzeiten begrenzen.
Ach, es ist alles so schwierig. Ich kann es eigentlich nie richtig machen. Nur andere machen immer alles richtig.

6. Wie ein Gesprächspartner sein bzw. sich verhalten sollte

Das Gespräch mit dem anonymen Berater eines Kinder- und Jugendtelefons, bei dem ich bei Problemen anrufen und dabei selbst auch anonym bleiben kann, hat sicher seine Vorteile. Noch besser ist es allerdings, wenn ich in einer Konfliktsituation eine echte Bezugsperson gibt, der ich mich anvertrauen kann.

Für mich als Jugendlicher ist dabei entscheidend, dass ich zu dieser Person Vertrauen haben kann. Dazu muss ich diese Bezugsperson kennen und sie sollte mich kennen. Das Gespräch in einer Notsituation würde also nicht anonym sein. Die Bezugsperson sollte auch über Menschenkenntnis, Erfahrung und Einfühlungsvermögen verfügen. Nur dann kann sie die Konfliktsituation richtig einschätzen und Ratschläge erteilen, die ich tatsächlich umsetzen kann.

Sehr wichtig ist, dass mir keine Vorwürfe gemacht werden. Die Person meines Vertrauens sollte vielmehr versuchen, mit mir zusammen einen Ausweg zu finden. Natürlich muss diese Person auch über die Bereitschaft und Fähigkeit zum Zuhören verfügen.

7. Fliehen, abwarten, aktiv anpacken

Im Leben eines Jugendlichen kann es Probleme mit den Eltern, im Freundeskreis oder in der Schule geben. Dann kann man vor diesen Problemen weglaufen, man kann abwarten, ob sie sich von alleine lösen, oder man kann aktiv versuchen, zu einer Lösung zu kommen.
Besonders deutlich werden diese unterschiedlichen Reaktionsmöglichkeiten am Beispiel schulischer Probleme. Kann ein Schüler den schulischen Leistungsanforderungen nicht entsprechen und schreibt schlechte Noten, so hat er zunächst die Möglichkeit zu „fliehen". Das bedeutet, dass er sich nicht mit diesem Problem auseinandersetzt, sondern versucht, Situationen aus dem Wege zu gehen, bei denen seine Schwächen offensichtlich würden. Oft sieht das so aus, dass er bei angekündigten Leistungsfeststellungen „krank" ist.

Das Problem wird damit natürlich nicht gelöst, die Schwierigkeiten nehmen vielmehr zu und es gibt zusätzliche Probleme, etwa dadurch, dass die benötigten Entschuldigungen von den Eltern nicht ausgestellt werden.

Eine zweite Möglichkeit ist, dass der Schüler den problematischen Situationen nicht aus dem Wege geht, sondern einfach nur abwartet. Damit verbunden ist meist die Hoffnung, dass sich das Problem irgendwie von alleine löst, vielleicht dadurch, dass bei der kommenden Leistungsfeststellung „leichte" Aufgaben drankommen oder dass durch die nach eigener Einschätzung positiven mündlichen Leistungen doch noch ein Notenausgleich möglich ist.

Hier zeigt sich aber meist schnell, dass sich diese Hoffnungen nicht erfüllen. Die Probleme bleiben, Enttäuschungen kommen hinzu.

Die einzige wirklich sinnvolle Möglichkeit besteht in dem Versuch, die Probleme aktiv anzupacken. Ein erster Schritt dazu kann das Gespräch mit dem Klassenlehrer, eventuell auch mit dem Beratungslehrer oder dem Schulpsychologen sein. Dadurch ist eine Analyse des Problems möglich. Der Schüler kann nun erkennen, woran es denn wirklich liegt, dass die geforderten Leistungen nicht erbracht werden konnten. Die Beratung kann auch aufzeigen, wie bestimmte Lücken geschlossen und neue Misserfolge vermieden werden können. Oft ist es so, dass bereits der Beginn einer aktiven Suche nach einer Problemlösung motiviert und sich positiv auf die Leistungen auswirkt. Aber selbst wenn sich kurzfristig keine Erfolge einstellen, kann nur dieser Weg zum Erfolg führen.

Ich kann mehr als nur dreinschlagen

Wenn man einem eine runterhaut, kriegt man von ihm auch eine geklebt. So ist es normal.

Der Berthold aber, der steht nur da und rührt sich nicht. Er schützt sich höchstens mit den Armen. Dabei ist er durchaus kein Schwächling. Wenn er die Kugel stößt, staunt sogar unser Sportlehrer. Er hat einen Brustkasten wie Tarzan. Daran kann's also nicht liegen, dass er sich nicht wehrt. Er würde sicher mit den meisten von uns fertig werden. Solche kleinen Kläffer wie zum Beispiel Max und Wolfgang brächte er mit einem einzigen Kinnhaken auf Abstand.

Er ist auch nicht feige. Kürzlich hat er beim Fußballspielen mal den Ball ins Fenster vom Schulsekretaritat geschossen. Wir hätten alle für ihn dichtgehalten. Trotzdem ist er hingegangen und hat gesagt, dass er's gewesen war.

Er macht's auch nicht aus Angeberei. Nein, der Berthold ist kein Angeber. Er spricht sowieso nie ein Wort zu viel. Als er bei den Bundesjugendspielen die meisten Punkte vom ganzen Jahrgang hatte, haben es die Leute in den Parallelklassen nicht durch ihn, sondern durch uns erfahren. Wenn man ihm gratuliert, grinst er nur und hebt die Schultern.

Er ist auch nicht bei so einer Sekte, die das Soldatsein verbietet. Nein, mit Sekten hat er nichts im Sinn. Das weiß ich, weil ich in der Schule neben ihm sitze. Ja, vielleicht kenne ich ihn ein bisschen besser als die anderen. Ich weiß, dass er einen Dackel mit Namen Suliman hat und gern Kartoffelsalat isst und nicht gern Klavier übt und Senkfüße hat. Ich weiß auch, dass er ziemlich faul ist. Er schreibt fast täglich die Hausaufgaben von mir ab. Und er ist sehr vergesslich. Er ist wie alle. Nur in dem einen Punkt unterscheidet er sich von den anderen: dass er sich nie prügelt. Auch nicht, wenn er angegriffen wird.

Aber wie kann man jemandem die Faust gegen die Rippen donnern, der nicht die Absicht hat zurückzuschlagen? Da kannst du genauso gut gegen einen Kartoffelsack boxen. Der Emmo hat dem Berthold mal eine gelangt, eine kräftige, dass es nur so geklatscht hat. Weil er ärgerlich über ihn war: Der Berthold hatte sich von ihm das Matheheft ausgeborgt, um die Aufgaben abzuschreiben. Emmo ist nämlich in Mathe der Beste. Manchmal bleibt mir auch nichts anderes übrig, als von ihm abzuschreiben. Berthold hatte ihm versprochen, das Heft gleich wieder mitzubringen. Aber am nächsten Tag, als der Mathelehrer die

Hefte einsammelte, bekam Emmo Schwierigkeiten: Das Heft war nicht da! Berthold hatte es daheim vergessen.

Berthold nahm zwar vor dem Lehrer sofort alle Schuld auf sich, aber Emmo ist einer, der alles sehr genau nimmt. Ihn machte es rasend, dass das Heft nicht da war. Deshalb klebte er Berthold eine.

Aber Berthold schlug nicht zurück. Er stand ganz ruhig da und sah Emmo ins Gesicht. Da wurde Emmo rot und entschuldigte sich. Hinterher erzählte mir Emmo, er habe sich über sich selbst gewundert. Bei so was entschuldige er sich nie. Aber in diesem Augenblick sei ihm nichts anderes eingefallen.

Ich konnte ihn gut verstehen, den Emmo. Wenn man auf einen einschlägt, und der wehrt sich nicht, fühlt man sich im Unrecht. Es ist scheußlich, sich im Unrecht zu fühlen. Man wird dann so unsicher. Lieber verkneif ich's mir, Berthold eine zu scheuern. Also muss ich mich mit ihm irgendwie vertragen, muss mit ihm im Guten auskommen, muss mit ihm Kompromisse schließen. Das ist mühsam. Kürzlich hat er auch ein Heft von mir daheim vergessen. Natürlich nicht mit Absicht. Aber ich kam dadurch doch ins Schwitzen. Das tat ihm Leid: Ziemlich zerknirscht hat er sich bei mir entschuldigt. Ich habe sehr an mich halten müssen. Am Nachmittag hat er mir einen ganzen Korb voll Mirabellen gebracht. Er hat nämlich daheim einen großen Obstgarten.

Ich habe den Berthold mal gefragt, warum er sich nicht prügelt und nicht wenigstens zurückschlägt, wenn ihn einer haut. Darauf hat er nur geantwortet: „Ich bin doch kein Neandertaler."

Ein Neandertaler will ich auch nicht sein. Ich kann mehr als nur draufhauen. Bei der nächsten Gelegenheit will ich auch mal probieren, nicht zurückzuschlagen. Muss ein merkwürdiges Gefühl sein. Aber was der Berthold kann, müsste ich eigentlich auch können. Na, die werden staunen! Allerdings bin ich nur eine halbe Portion, verglichen mit Berthold. Vielleicht lade ich deshalb gerade dazu ein, dass sie mich verdreschen, wenn ich mich nicht wehre. Ich glaube, ich muss mich erst mal voll Mut pumpen. Denn Angst darf ich dabei nicht haben!

Literaturangabe: *Gudrun Pausewang:* Ich kann mehr als nur dreinschlagen. In: *Reiner Engelmann* (Hrsg.): Tatort Klassenzimmer. Würzburg: Arena 1994, S. 140–143.

Arbeitsaufträge **Punkte**

1. Fasse den Text in wenigen Sätzen zusammen. 3

2. Der Erzähler berichtet in der Geschichte über Emmo und Berthold.
   a) Notiere stichpunktartig vier Eigenschaften von Berthold, die bis Zeile 18 genannt werden. 2
   b) Emmo ist ein anderer Typ.
   Beschreibe ihn mit einem kurzen, zusammenhängenden Text mit eigenen Worten. 2

3. Im Text heißt es:
   - „Wir hätten alle für ihn dichtgehalten." (Zeile 11)
   - „Lieber verkneif ich's mir, Berthold eine zu scheuern." (Zeile 45)

   Ersetze die unterstrichenen Begriffe durch andere passende Ausdrücke und formuliere die Sätze neu. 2

4. In der Geschichte erfährst du, dass Berthold Emmos Heft vergessen hatte (Zeile 29–42). Nach der Schule erzählt Emmo seinem Freund von diesem Vorfall. Dabei drückt er auch deutlich seine Gefühle aus.
   Er beginnt so: „Berthold hatte mein Matheheft vergessen. Ich kochte vor Wut ..."
   Setze die Erzählung fort. (Umfang ca. ½ Seite) 4

5. Im letzten Abschnitt nimmt sich der Erzähler vor, bei der nächsten Gelegenheit auch nicht zurückzuschlagen. Dafür muss er sich aber erst „voll Mut pumpen".
   a) Erläutere, wie und warum er zu diesem Entschluss kommt. (Umfang ca. ½ Seite) 3
   b) Auch von dir kann es manchmal viel Mut erfordern, auf Gewalt zu verzichten. Zeige dies an einem Beispiel auf. 3

6. Aggressives Verhalten nimmt in unserer Gesellschaft zu!
   Erläutere drei mögliche Gründe, warum manche Kinder und Jugendliche zunehmend gewaltbereiter werden. (Umfang ca. 1 ½ Seiten) 9

28

Lösungen

1. Zusammenfassung des Textes

In der Erzählung von *Gudrun Pausewang* wird der Schüler Berthold beschrieben. Er ist kräftig, nicht feige und eigentlich ziemlich normal. Auffallend aber ist, dass er sich bei körperlichen Angriffen nicht wehrt. Er begründet sein Verhalten damit, dass er „kein Neandertaler“ sei. Durch sein Verhalten wird er für den Erzähler der Geschichte zum Vorbild. Der will nun auch versuchen, nicht zurückzuschlagen, wenn er angegriffen wird.

2. a) Vier Eigenschaften von Bertold

Berthold

- ist kein Schwächling
- hat einen Brustkasten wie Tarzan
- ist nicht feige
- ist kein Angeber

b) Beschreibung von Emmo

Emmo ist ganz ander als Berthold. Er ist jemand, der sich schnell ärgert. Dann wird er rasend und schlägt zu. Ein Beispiel dafür ist seine Reaktion gegenüber Berthold, als dieser ein von ihm ausgeborgtes Heft nicht rechtzeitig zurückbrachte. Andererseits ist Emmo aber auch bereit, sich für sein aggressives Verhalten zu entschuldigen.

3. Passende Ausdrücke

- dichthalten: Wir hätten ihn alle **nicht verraten.**
- verkneifen: Lieber **vermeide ich es,** Berthold eine zu scheuern.

4. Eine Erzählung

Berthold hatte mein Matheheft vergessen. Ich kochte vor Wut ... Du musst dir das mal vorstellen: Ich borge ihm mein Heft, damit er abschreiben kann, und er vergisst es dann am nächsten Tag. *Ich* hatte dann plötzlich den Ärger mit dem Lehrer, *er* natürlich nicht, denn er hat ja seine Hausaufgaben gehabt. Berthold hat zwar die Schuld gleich auf sich genommen und alles erklärt und zugegeben, aber trotzdem: Wie stand ich da? Ausgerechnet ich, wo ich doch sonst immer so zuverlässig bin. Jedenfalls war ich so wütend, dass ich gar nicht mehr nachdenken konnte, sondern dem Berthold einfach eine geklebt habe, und zwar so kräftig, dass es richtig geklatscht hat.

Hinterher hat es mir natürlich Leid getan. Am schlimmsten war, dass der Bertold nicht zurück geschlagen hat, sondern einfach nur traurig da stand. Das hat mich so unsicher gemacht, dass ich mich auch gleich entschuldigt habe. Irgendwie habe ich mich selbst nicht mehr verstanden.

5. a) Wie und warum kommt der Erzähler zu dem Entschluss, bei der nächsten Gelegenheit nicht zurückzuschlagen

Der Erzähler nimmt sich vor, bei nächster Gelegenheit *nicht* zurückzuschlagen. Dieses Verhalten ist ungewöhnlich, denn normalerweise wird auf Gewalt mit Gegengewalt reagiert. Das positive Beispiel seines Mitschülers Berthold hat ihm jedoch gezeigt, dass es auch anders geht. Der hat immer wieder bewusst darauf verzichtet, zurückzuschlagen, obwohl er es gekonnt hätte. Dieses Verhalten erfordert allerdings Mut und Selbstvertrauen.
Berthold ist durch sein Verhalten für den Erzähler zu einem positiven Vorbild geworden. Das Verhalten des Mitschülers imponiert ihm, weil es irgendwie „cool" ist. Den Ausschlag für die Entscheidung des Erzählers, es seinem Vorbild gleich zu tun, hat vielleicht der Hinweis darauf gegeben, dass es sich bei der Ausübung von Gewalt eigentlich um ein Verhalten aus der Steinzeit, der Zeit der Neandertaler, handelt.

b) Es erfordert viel Mut, auf Gewalt zu verzichten

Auf Gewalt zu verzichten, kann viel Mut erfordern. Dass solche Situationen selbst auf dem Pausenhof der Schule entstehen können, möchte ich an einem Beispiel zeigen.
Gewalt wird normalerweise nur von körperlich Stärkeren angedroht oder ausgeübt. Ausnahmen sind bei jüngeren Schülern zu beobachten, die ihre eigene Stärke oder die Folgen ihrer Gewaltausübung nicht abschätzen können. So kommt es immer wieder dazu, dass sich Buben aus Grundschulklassen von Schülern aus Hauptschulklassen beim Spielen auf dem Pausenhof gestört fühlen und diese dann mit Worten beleidigen oder gar tätlich angreifen. Die übliche Reaktion ist, dass sich der Ältere kräftig zur Wehr setzt und den Jüngeren schlägt. Vor allem vor Klassenkameraden möchte sich der Ältere, Größere und Stärkere natürlich nicht durch einen „Zwerg" aus der Grundschule bloßstellen lassen. Die Mitschüler warten geradezu auf eine gewalttätige Reaktion.
In dieser Situation braucht ein Hauptschüler viel Mut, um auf Gewalt zu verzichten und den Angriff des Schwächeren einfach nur hinzunehmen, denn in den Augen seiner Klassenkameraden könnte er dann als Schwächling dastehen, der sich von jedem kränken und verprügeln lässt.

6. Aggressives Verhalten nimmt in unserer Gesellschaft zu – drei mögliche Gründe

In den Medien und auch von einzelnen Wissenschaftlern wird immer wieder auf die Zunahme aggressiven Verhaltens in unserer Gesellschaft hingewiesen. Besonders bei Kindern und Jugendlichen wird eine Zunahme der Gewaltbereitschaft festgestellt. Dafür gibt es sicher sehr viele Gründe, von denen ich hier aber nur drei erläutern möchte.

Einen Grund für die zunehmende Gewaltbereitschaft sehe ich darin, dass viele Jugendliche in eine ungewisse Zukunft gehen, der sie sich nicht gewachsen fühlen. Das hängt einmal mit der hohen Arbeitslosigkeit zusammen und in diesem Zusammenhang mit der geringen Chance, die eigenen Berufsziele zu erreichen. Daneben spielen aber auch die zunehmenden Umweltprobleme eine Rolle. Wer sich selbst als Opfer in einer Situation erlebt, aus der es kein Entrinnen zu geben scheint, greift in manchen Situation gern zum Mittel der Gewalt.

Ein weiterer Grund ist darin zu sehen, dass in einer komplizierten Welt immer mehr Eltern der Verpflichtung zur Erziehung ihrer Kinder nicht mehr nachkommen bzw. durch von einer angemessenen Erziehung überfordert sind. Viele Kinder erleben im Elternhaus nicht mehr das notwendige Maß an Geborgenheit, Zuwendung und Ermutigung. Zugleich werden ihnen von den Eltern keine Grenzen mehr gesetzt. So kommen manche Kinder und Jugendliche zu der Auffassung, dass jedes Verhalten akzeptiert wird, auch aggressives Verhalten und Gewalt gegen Sachen und Menschen.

Die hier entstandene Lücke in der Erziehung wird durch die Medien ausgefüllt, die als die „heimlichen Erzieher" einen großen Einfluss auf Kinder und Jugendliche ausüben. Von besonderer Bedeutung ist dabei das Fernsehen. Um zu hohen Einschaltquoten zu kommen, die wiederum zu hohen Werbeeinnahmen führen, sind viele Sender bereit, fast pausenlos Filme mit aggressiven Inhalten auszustrahlen. In zahlreichen Filmen werden Gewalt und die Gewalttäter geradezu verherrlicht. Gerade Kinder und Jugendliche, deren Persönlichkeitsentwicklung ja noch nicht abgeschlossen ist, sehen in den Filmhelden ihre Vorbilder und übernehmen deren Verhaltensweisen. Aber sogar angeblich aufklärende Sendungen über die Gewalttaten von Jugendlichen können zur Nachahmung anregen. In Berichten über Prozesse gegen jugendliche Gewalttäter liest man daher immer wieder, dass die Gewalttat direkt dem Film und Fernsehen nachgemacht wurde.

Anzumerken ist allerdings, dass den gewalttätigen Kindern und Jugendlichen zum Glück immer noch eine Mehrheit gegenüber steht, die Probleme und Konflikte anders lösen kann.

Düdellüdeltüt

Der Kellner serviert das Rumpsteak und wünscht guten Appetit. Da passiert es am Nebentisch: „Düdellüdeltüt" zirpklingelt es aus einem Handy. Sein Besitzer macht sofort dieses „Bestimmt-wieder-die-Wallstreet"-Gesicht und führt den bimmelnden Sprechknochen mit affektiert gespreizten Fingern zum Ohr: „Ja, hallo", bellt er wichtig und so laut durchs Lokal, dass es jedes andere Gespräch durchkreuzt. „Ach du bist's, Mama", säuselt er weiter, jetzt in gepresstem Flüsterton und peinlich errötend.

Handy-Rowdys scheren sich weder um das Fernmeldegeheimnis noch um Manieren bei Tisch. Ihr guter Ton heißt „Düdellüdeltüt". Handys sind „in". Wer sie ablehnt, ist „out". So einfach ist das, basta! Kaum ein Wirt wagt es deshalb, seinen Gästen die Quatschwaffe gleich an der Tür abzunehmen, wie einst im Wilden Westen den Colt am Eingang zum Saloon.

Nicht mal in der Kirche sind wir sicher vor Handy-Gebimmel und anschließendem Gebrabbel. Gut, die Nürnberger Nikodemus-Kirche erließ ein Telefonierverbot. Aber in Italien hat kürzlich ein Pfarrer auf der Kanzel vor voll besetztem Gotteshaus minutenlang mobil telefoniert, und in England finden neue Priestergewänder reißenden Absatz, weil die Herstellerfirma eine Innentasche fürs Handy einnäht. Und wenn es nach einem führenden Hersteller von Mobiltelefonen und seinem Fernsehwerbespot ginge, dann würden die Spieler der Fußball-Nationalmannschaft in der Pause eines Länderspiels erst mal zum Handy greifen, anstatt den taktischen Anweisungen des Trainers für die zweite Halbzeit zu lauschen.

Was in den siebziger Jahren der Diplomatenkoffer und in den Achtziger der Anrufbeantworter war, das ist in den Neunziger das Handy: die billigste Art wichtig zu sein. In den Fünfziger galt der Slogan „Fasse dich kurz!". Dann kam die schon leicht enthemmte Aufforderung an den Telefonkunden „Ruf doch mal an!". Heute warnt die Werbung: „Das Leben ist zu kurz für eine lange Leitung." Seitdem telefonieren panische Handy-Besitzer immer und überall, als habe ihre letzte Stunde geschlagen.

Heute gibt es bundesweit zwischen drei und vier Millionen mobile Telefongeräte, die Tendenz ist deutlich steigend. Nach Vorhersagen der Marktforscher wird sich die Zahl der deutschen Handy-Besitzer im Jahr 2 000 irgendwo zwischen 10 und 15 Millionen eingependelt haben. Langfristig hat das „Festnetztelefon" ausgedient. Davon sind jedenfalls Branchenexperten überzeugt.

Was bei pessimistischen Handy-Gegnern Alpträume verursacht, ist für Optimisten ein Grund zur Hoffnung. Denn wenn beinahe jeder Besitzer eines solchen modernen Kommunikationsgeräts ist, wird der Reiz, sich dadurch in der Öffentlichkeit hervorzutun, deutlich nachlassen. Und vielleicht wird der Gast dann endlich wieder in aller Ruhe sein Rumpsteak ohne „Düdellüdeltüt" und „Ja, hallo" verzehren können.

Literaturangabe: Nach *PZ* Nr. 88/1996.

Arbeitsaufträge **Punkte**

1. Erkläre einem ahnungslosen Zeitgenossen in wenigen Sätzen, was ein Handy ist. 2

2. Im Text kommen <u>nur vier</u> der folgenden Begriffe als Fremdwörter vor:
   - Umgangsformen
   - schwarzseherisch
   - nichtssagend
   - beweglich
   - Dienstleistung
   - gezielt

   Suche die passenden Fremdwörter heraus und ordne sie richtig zu. 2

3. In den ersten beiden Absätzen verwendet der Autor zwei bildhafte Ausdrücke für das Wort „Handy".
   Schreibe sie heraus und begründe, warum sie verwendet werden. 2

4. Der Verfasser des Textes lässt den Mann im Lokal nicht einfach ins „Handy" *„sprechen"*. Er benutzt dafür zwei andere Wörter.
   Gib sie an und erkläre ihre unterschiedliche Wirkung. 2

5. In Zeile 24, 25 wird behauptet, das Handy sei die billigste Art wichtig zu sein. Manche Jugendliche möchten <u>andere</u> Dinge besitzen, um ihren Freunden zu imponieren.
   Erläutere Probleme bzw. Gefahren, die sich daraus ergeben können, wenn man ein solches Statussymbol unbedingt besitzen will. 4

6. Stell dir vor, du bist der Wirt/die Wirtin eines Restaurants. Viele Gäste haben sich schon wegen der lästigen Handys beschwert.
   Schreibe einen Aufruf, in dem du darum bittest, auf die Benutzung der Geräte im Lokal zu verzichten, und begründe diese Aufforderung. (Umfang ca. ½ Seite) 4

7. Nicht nur in Kirchen und Restaurants kann das Handy stören. Beschreibe in einigen Sätzen eine andere Situation, in der die Verwendung des Handys komisch oder unpassend wirkt. 3

8. In diesem Artikel macht sich der Journalist über manche Handybenutzer lustig.
Schreibe ihm einen Brief, in dem du ihn davon zu überzeugen versuchst, dass Handys in vielen Bereichen vorteilhaft oder sogar lebenswichtig sein können. Führe dafür drei aussagekräftige Beispiele an. (Umfang ca. 1 ½ Seiten) 9

28

Lösungen

1. Was ist ein Handy?

Ein Handy ist ein schnurloses Funktelefon, das nicht auf den Telefonanschluss in der eigenen Wohnung angewiesen ist – ein Mobilfunktelefon also.

2. Vier Fremdwörter

- Umgangsformen – Manieren (Zeile 9)
- schwarzseherisch – pessimistisch (Zeile 35)
- beweglich – mobil (Zeile 30)
- gezielt – taktisch (Zeile 21)*)

3. Andere Begriffe für das Wort „Handy"

Der Autor verwendet die Begriffe „Sprechknochen" (Zeile 4) und „Quatschwaffe" (Zeile 11). Mit dem ersten Begriff macht er sich über die Verwendung des Handys lustig, der zweite Begriff soll andeuten, dass die Benutzung des Handys durchaus als Bedrohung verstanden werden kann.

4. Andere Ausdrücke für „sprechen"

Der Autor lässt den Mann ins Handy *bellen* (Zeile 5) und *säuseln* (Zeile 6). Das erste Wort steht für ein lautes, aggressives Sprechen, mit dem der Sprecher auf sich aufmerksam machen möchte. Zugleich wird ein Zusammenhang mit dem „Sprechknochen" hergestellt. Durch das zweite Wort soll der Leser schon durch die Sprache dazu gebracht werden, an ein leises aber auch inhaltsleeres Sprechen zu denken.

5. Probleme bzw. Gefahren, wenn man ein Statussymbol unbedingt besitzen will

Das Handy ist unter manchen Jugendlichen ein Statussymbol. Für andere Jugendliche zählen z. B. teuere Markenkleidung oder immer neue Computerspiele zu den Statussymbolen, mit denen sie ihren Freunden imponieren wollen.

*) *Anmerkung*: Nach der Definition gängiger Wörterbücher entspricht der Begriff „zielstrebig" nicht vollständig dem Fremdwort „taktisch". Nach Auskunft des Kultusministeriums ist jedoch diese Zuordnung gemeint.

Das Problem dabei ist, dass der Erwerb und Besitz von Statussymbolen meist mit Kosten verbunden ist, die allein durch das Taschengeld nicht aufgebracht werden können. Für den, der ein Statussymbol unbedingt besitzen will, ist es daher notwendig, einen Job anzunehmen. Dadurch geht jedoch viel Zeit verloren, die besser für die Schule, für Hobbys oder für die wichtigen persönlichen Kontakte mit Freunden aufgebracht werden sollte. Immer wieder gibt es auch Fälle, in denen ein Statussymbol nur erreichbar erscheint, wenn die Grenzen der Legalität überschritten werden. Ein bekanntes Beispiel dafür ist der Kaufhausdiebstahl.

6. Ein Aufruf

Kein Handy bitte!

Liebe Gäste,
unser Restaurant ist ein Ort gepflegter Gastlichkeit und Gemütlichkeit. Dazu gehören neben einem guten Essen und den dazu passenden Getränken auch die Freundlichkeit unseres Personals und das dezente Auftreten unserer Gäste. Die traditionell angenehme Stimmung, die Sie in unserem Haus vorfinden und schätzen, soll auch nicht unter schrillen Tönen oder der störenden Geräuschkulisse lauter Telefongespräche leiden. Aus diesem Grund bitten wir Sie, in unseren Räumen auf die Verwendung Ihres Handys zu verzichten.
Mit dieser Bitte kommen wir auch dem Wunsch vieler Gäste nach, die sich durch die Benutzung von Handys in unserem Restaurant belästigt fühlen würden. Wir möchten aber, dass sich alle Gäste bei uns wohl fühlen.
In diesem Sinne wünschen wir Ihnen einen angenehmen Aufenthalt in unseren Räumen – und guten Appetit.

7. Eine Situation, in der die Verwendung eines Handys komisch oder unpassend wirkt

Es gibt zahlreiche Situationen, in denen die Verwendung eines Handys als komisch oder als unpassend empfunden wird. Zu diesen Situationen gehört auch der Unterricht. Natürlich ist es unheimlich komisch, wenn die ganze Klasse angestrengt über die Antwort auf eine tiefschürfende Frage nachdenkt, und dann ein Handy klingelt. Da man aber während des Unterrichts ohnehin keine Gelegenheit hat, das Gespräch anzunehmen, bleibt es bei einer Störung, die zumindest vom Lehrer, aber auch von den meisten Mitschülern als äußerst anpassend angesehen wird und die für den Besitzer des Handys eventuell sogar unangenehme Folgen haben kann.

8. Ein Brief über die Vorteile des Handys

Sehr geehrte Redaktion der „PZ“, sehr geehrte Damen und Herren,

mit Interesse habe ich Ihren Artikel „Düdellüdeltüt“ gelesen, in dem Sie sich mit den Auswüchsen der gegenwärtigen Handy-Mode auseinandersetzen. Insgesamt wird dabei ein negatives Bild des Handys bzw. der Verwendung von Handys gezeichnet. Dabei sollte man jedoch nicht vergessen, dass Handys in vielen Bereichen vorteilhaft und sogar lebenswichtig sein können. Ich möchte meine Auffassung durch drei Beispiele begründen.

Zunächst muss gesagt werden, dass das Handy in manchen Berufen eine große Hilfe ist. Besonders profitieren Berufe davon, die nicht in Büros oder anderen Arbeitsräumen ausgeübt werden können. Ein Beispiel sind Vertreter, die täglich mit dem Auto große Strecken zurücklegen müssen und sich bei ihren Kunden um Termine bemühen müssen. Waren sie früher auf Telefonzellen angewiesen, die oft nicht da sind, wo man sie gerade braucht und die oft nicht funktionieren, so kann ein Vertreter heute auf jeden beliebigen Parkplatz fahren und sein Handy verwenden. Das spart Zeit und schont die Nerven.

Eine große Bedeutung kann das Handy auch im familiären Bereich haben. Sind Eltern oder Kinder außer Haus und haben ein Handy dabei, so sind sie jederzeit erreichbar und können selbst jederzeit anrufen. Der eventuell Wartende muss sich somit keine Sorgen machen, Verzögerungen können unmittelbar mitgeteilt und ein sonst durch Zuspätkommen ausgelöster Streit kann vermieden werden.

Eine lebenswichtige Funktion kann das Handy haben, wenn es z. B. bei Schulwanderungen mitgeführt wird. Gerade Wanderungen in Gebieten von großer Naturschönheit bergen durchaus Gefahren. Schon das Stolpern über eine Baumwurzel kann zu Verzerrungen führen, die eine ärztliche Versorgung notwendig machen. Noch schlimmer ist es natürlich, wenn Schülerinnen oder Schüler einen Hang hinunterstürzen und verletzt, eventuell mit einem gebrochenen Bein liegen bleiben und die Wanderung nicht fortsetzen können. Der Weg bis zum nächsten Telefon ist jedoch meistens sehr weit und macht es notwendig, dass die Klasse bzw. Gruppe getrennt wird. Wenn man ein Handy dabei hat, kann dagegen sofort Hilfe geholt werden.

Entscheidend ist natürlich nicht nur das Handy allein. Man muss auch die richtigen Nummern dabei bzw. gespeichert haben und man darf sich nicht grade in einem „Funkloch“ befinden, das eine gut funktionierende Verbindung verhindert.

Vielleicht können Sie meinen Leserbrief in der nächsten Nummer Ihrer Zeitschrift abdrucken.

Mit freundlichen Grüßen ...

Abschlussprüfung an Hauptschulen in Bayern 1999
Deutsch – Diktat

Erfolgreich lernen

Wer verstehen will, / wie Lernen funktioniert / und wie der Lernprozess verbessert werden kann, / muss drei Aspekte genauer betrachten, / nämlich körperliche, geistige und soziale Einflüsse.

Der Erfolg beim Lernen / hängt nicht nur von der Intelligenz, / sondern auch vom körperlichen Befinden ab. / Gesunde Ernährung, / ausreichende Bewegung und ein erholsamer Schlaf / sind dazu unerlässliche Voraussetzungen. / Warum können wir uns aber / bestimmte Dinge so leicht merken, / andere wiederum überhaupt nicht?

Die Erfahrung lehrt, dass alles, / was für uns von besonderem Interesse ist, / fast vollautomatisch gespeichert wird. / Wenn ein Kind, / das sich Vokabeln oder mathematische Formeln einprägen will, / den Sinn seines Tuns nicht sieht, / dann werden die Informationen schnell wieder verworfen. / Äußerst wichtig ist auch, / dass man sich das Arbeitspensum genau einteilt.

Heranwachsende werden bei ihrer geistigen Entwicklung / stark von ihrem Umfeld beeinflusst. / Deshalb sollten Erwachsene / eine optimistische Grundeinstellung an den Tag legen. / Dann fällt es auch den jungen Menschen leichter, / von ihnen und mit ihnen zu lernen. / Eltern, Kinder und Lehrer / sollten ein starkes Dreieck bilden / und Probleme miteinander angehen.

(168 Wörter)

Literaturangabe: Nach *Schule aktuell* Nr. 3/1998.

Gestochen und gebrandmarkt

Früher hieß es, Kleider machen Leute. Heute gilt das nur noch eingeschränkt, denn viele Jugendliche tragen buchstäblich ihre Haut zu Markte. Die Haut, bislang unser biologisches Kleid mit vielerlei Schutzfunktionen, wird immer häufiger zum Kunstwerk geadelt.

Man erkennt sie gleich, denn sie unterscheiden sich augenfällig von allen anderen Jugendlichen. Sie sind gezeichnet, besser, sie haben sich gezeichnet, und zwar im wahrsten Sinne des Wortes. Ganz harmlos schaut vielleicht ein Schmetterling aus dem Ausschnitt oder eine Schlange ringelt sich um den Oberarm. Wir sprechen vom Tätowieren, einer Lust, den Körper zu verzieren, die sich zu einer Sucht auswachsen kann. Auch die Gemälde wachsen, die der Tätowierer mit seiner Elektronadel in die Haut sticht. Wahre Künstler sind hier am Werk, die ihre fantastischen Schlangen- oder Drachengebilde geschickt über den Körper verteilen. In den meisten Fällen bleiben Gesicht, Hals und Hände frei, denn es gibt Gelegenheiten, wo es sinnvoll erscheint, sich nicht gleich als Tattoo-Liebhaber zu „outen“. Bei der Bewerbung zum Beispiel oder bei der zukünftigen Schwiegermutter möchte man nicht gleich mit der Tür, besser gesagt mit der Haut ins Haus fallen.

Zum großen Kreis der Körperverschönerer gesellen sich auch die Gepiercten. Stellen für die kleinen Silberringe gibt es ja genug. Da sind die Ohren, dort passen pro Ohrmuschel mindestens sechs Ringe hin, auch die Augenbrauen bieten Platz für drei Ringe, von den Nasenflügeln, Brustwarzen oder der Zunge ganz zu schweigen.

Führend in der Technik des Bodystylings um jeden Preis sind die Amerikaner. So verwundert es auch nicht, dass jetzt die Branding-Welle über den Atlantik zu uns herüberschwappt. Nein, mit Brandung hat das nichts zu tun, eher mit Brennen. Ein Muster, beispielsweise ein Stern, wird mit einem heißen Eisen auf den Bauch gebrannt. Jeder Westernfilmkenner weiß, dass so die Farmer ihre Rinder kennzeichnen. Wer kennt sie nicht, die quälenden Bilder, wenn die so gebrannten Tiere vor Schmerz schreien. Eine Branding-erfahrene junge Dame kommentierte das aber ganz anders: „Du musst das so sehen, das ist ein völlig neues Körpergefühl, eine echte Bewusstseinserfahrung.“ Gut, dieses Körpergefühl kennen wir auch, wenn wir uns versehentlich am Herd verbrennen, der Schmerz ist uns sehr bewusst.

Was bewegt aber junge Menschen dazu, so unbekümmert mit ihrem Äußeren umzugehen, so viel Zeit und auch so viel Geld dafür zu investieren? Ist es die Lust, Schmerzen zu ertragen? Wohl kaum. Eine junge Studentin erklärte, sie brauche das Piercing für ihre Persönlichkeit, es sei eine Möglichkeit, sich von der großen Masse abzuheben. Wer ist aber mit der großen Masse gemeint? Will sie sich nur von den anderen jungen Leuten unterscheiden oder hat das auch mit der älteren Generation zu tun? Eine Befragung unter vielen Jugendlichen ergab, dass sie sich mit der Kleidung zu wenig von den Älteren unterscheiden können, denn „trendige Outfits“ werden auch gerne von der Elterngeneration gekauft. Aber ist denn das Leben mit der älteren Generation gar so schwer? Wollte man den Medien glauben, hätten wir nur noch Jugendliche aus zerrütteten Familien. Dabei wissen wir doch, dass negative Schlagzeilen immer gerne gelesen werden. Selten wird über Familien berichtet, in denen eine herzliche Atmosphäre herrscht und Jugendliche sich geborgen fühlen. Gegenseitiges Verständnis und die Bereitschaft, anstehende Konflikte partnerschaftlich zu lösen, kennzeichnen solche Familien. Dort wird auch ein Nasenring den Familienfrieden nicht nachhaltig zerstören.

Literaturangabe: Nach *Lernchancen* Nr. 2/1998.

Arbeitsaufträge	**Punkte**
1. Im Text werden drei Methoden der „Körperverschönerung“ vorgestellt. Beschreibe diese Techniken knapp mit eigenen Worten.	3
2. Folgende Begriffe kommen im Text als Fremdwörter vor: • erläutern • Probleme • Stimmung • etwas anlegen Suche aus dem Text die passenden Fremdwörter heraus und ordne sie entsprechend zu.	2
3. Im Text findest du folgende Redewendungen: • „Kleider machen Leute“ (Zeile 1) • „mit der Tür ins Haus fallen“ (Zeile 16 f.) Erkläre diese Ausdrücke mit anderen Worten an je einem eigenen Beispiel.	4
4. Immer mehr junge Menschen schließen sich den im Text genannten Trends zur „Körperverschönerung“ an. a) Nenne stichpunktartig vier mögliche Gründe dafür.	2
b) Erläutere mögliche Nachteile und Gefahren. (Umfang ca. ½ Seite)	4
5. „No risk, no fun“! – Ohne Risiko kein Spaß! Verdeutliche diese Einstellung an zwei selbst gewählten Beispielen und nimm kritisch Stellung dazu.	6
6. Immer wieder werden verschiedene Vorurteile gegen „die heutige Jugend“ geäußert. Du kannst das nicht mehr hören! Schreibe einen Leserbrief, in dem du auf einige dieser Vorurteile eingehst, und verteidige deine Generation. (Umfang ca. 1 Seite)	7
	28

Lösungen

1. Drei Methoden der „Körperverschönerung"

Tätowieren: Bei dieser Methode wird eine Zeichnung bzw. ein Gemälde mit Hilfe einer Elektronadel in die Haut gestochen.

Piercing: Beim Piercing werden in Ohren, Augenbrauen, Nasenflügel, Brustwarzen oder Zunge Löcher gestochen, in die anschließend Ringe aus Metall einsetzt werden.

Branding: Branding bedeutet, dass, ähnlich wie bei der im Wilden Westen üblichen Markierung von Rindern, mit einem heißen Eisen ein Muster in die Haut eingebrannt wird.

2. Fremdwörter

- erläutern – kommentieren (Zeile 30)
- Stimmung – Atmosphäre (Zeile 46)
- Probleme – Konflikte (Zeile 48)
- etwas anlegen – investieren (Zeile 35)

3. Redewendungen

- „Kleider machen Leute" bedeutet, dass Menschen nach ihrem Äußeren, vor allem nach ihrer Kleidung beurteilt werden. Gepflegte Kleidung hebt nach dieser Auffassung das Ansehen. Ein sehr bekanntes Beispiel wird in Zuckmayers Theaterstück „Der Hauptmann von Köpenick" dargestellt. Hier gelingt es einem gesellschaftlich verachteten ehemaligen Häftling mithilfe einer Uniform kurzzeitig zu Autorität und Ansehen zu kommen.
- „Mit der Tür ins Haus fallen" bedeutet, dass jemand sein Anliegen sehr plump und sozusagen ohne anzuklopfen, d. h. in einer als unhöflich empfundenen Weise vorbringt. Wie unangenehm das ist, weiß jeder Schüler, der bei der Rückgabe eines Aufsatzes schon einmal ganz unvermittelt mit einem unerwartet negativen Ergebnis konfrontiert wurde. Eine freundliche und ermunternde Vorbemerkung der Lehrerin, die auch auf gelungene Passagen hinweist, ändert zwar nichts am Endergebnis, hilft aber, damit fertig zu werden.

4. „Körperverschönerung“

a) Mögliche Gründe für moderne Trends zur „Körperverschönerung“:
- suchtähnliche Lust, den Körper zu verzieren
- Suche nach neuem Körpergefühl und echter Bewusstseinserfahrung
- eine der wenigen Möglichkeiten, sich von der Elterngeneration zu unterscheiden
- Möglichkeit, sich von der Masse abzuheben.

b) Nachteile und Gefahren der „Körperverschönerung“
Für Tätowieren, Piercing und Branding werden von den Anhängern dieser „Körperverschönerung“ verschiedene Gründe genannt. Aber es gibt auch Nachteile und Gefahren. Ein wichtiger Nachteil ist, dass vor allem Tätowieren und Branding in der Regel nicht mehr rückgängig gemacht werden können. Wer diese „Körpererfahrungen“ machten möchte, ist dadurch in der Regel für sein ganzes Leben „gebrandmarkt“. Vom Piercing ist bekannt, dass durch das Metall der eingesetzten Ringe unterschiedliche Allergien ausgelöst werden können. Branding ist besonders schmerzhaft, wie man in fast jedem Western am Beispiel der Kennzeichnung von Rindern sehen kann. Und schließlich kann es bei unsachgemäßer Ausführung zu lebensgefährlichen Infektionen kommen. Außerdem müssen für diese Methoden der „Körperverschönerung“ viel Zeit und vor allem viel Geld investiert werden.

5. „No risk, no fun!“ – Ohne Risiko kein Spaß!

Seit einigen Jahren lassen sich bei jungen Leuten immer mehr Verhaltensweisen beobachten, die dem Motto „No risk, no fun!“ entsprechen.

Ein Beispiel dafür ist das risikofreudige Fahrverhalten, das manche Jugendliche an Wochenenden bei Diskothekenbesuchen an den Tag legen. Vor allem auf dem Heimweg kommt es oft zu Katastrophen, da die Konzentrationsfähigkeit der meist noch unerfahrenen jungen Mofa-, Motorrad- oder Autofahrer durch Licht- und Geräuscheinflüsse in der Diskothek und oft noch zusätzlich durch Alkohol stark beeinträchtigt ist. Untersuchungen zeigen, dass die Verkehrsunfälle junger Leute ab Freitagabend und in den Nachtstunden von Samstag auf Sonntag um das Dreifache steigen. Das auch den Jugendlichen bekannte hohe Risiko führt jedoch keineswegs zu einem veränderten Freizeit- oder Fahrverhalten. Freizeit und Risiko gehören für viele offenbar zusammen.

Auch am Anfang einer Drogen„karriere“ steht oft der Wunsch, durch den Genuss von Rauschmitteln den Spaß am Leben allgemein und speziell den Spaß in der Freizeit zu erhöhen. Über die Risiken, die mit diesem „Spaß“ verbunden sind, wird ausführlich in der Schule, in den Medien und auch durch Vorbilder aus dem

Bereich des Sports immer wieder informiert. Die Kenntnis der Risiken erzielt jedoch offenbar bei zahlreichen Jugendliche keine abschreckende Wirkung. Die noch immer hohe Zahl von Drogenabhängigen und von Drogentoten ist ein Beleg dafür.

Sicher gibt es sehr unterschiedliche Ursachen für die Bereitschaft von Jugendlichen, das berechtigte Interesse an Spaß mit oft tödlichen Risiken zu verbinden. Eine dieser Ursachen könnte sein, dass im Fernsehen und in vielen Filmen immer wieder interessante Verbindungen von Spaß und Gefahr vorgeführt werden. Die Wirklichkeit wird dagegen von vielen Jugendlichen als eher langweilig erlebt. Im Alltag fehlt ganz einfach der „Kick". Hilfreich könnte daher sein, wenn in der Schule und durch Jugendorganisationen Erfahrungen ermöglicht werden, die deutlich machen, dass Spaß und interessante Erlebnisse nicht zugleich mit Gefahren verbunden sein müssen. Ein länderübergreifender Schüleraustausch könnte diesen Anforderungen ebenso entsprechen, wie unter fachlicher Anleitung das nächtliche Beobachten von Tieren im Wald oder die Teilnahme an einem Projekt, bei dem Umweltschutz nicht nur „gespielt" sondern ernsthaft betrieben wird.

6. Vorurteile über die heutige Jugend – Ein Leserbrief

In der Öffentlichkeit werden immer wieder Vorurteile über die heutige Jugend geäußert. Auf einige dieser Vorurteile möchte ich in diesem Leserbrief eingehen und versuchen, sie zu entkräften.

Ein häufig geäußertes Vorurteil lautet, dass die heutige Jugend besonders verwöhnt ist, dass ihr viele Wünsche sozusagen von den Lippen abgelesen werden und dass sie im Gegensatz zu früheren Generationen selbst nur geringe Anstrengungsbereitschaft zeigt. In diesem Vorurteil steckt sicher ein Stück Wahrheit. Zu berücksichtigen ist allerdings, dass zum Verwöhnen zwei gehören – die Jugendlichen und ihre Eltern. Der gestiegene gesellschaftliche Wohlstand erlaubt es vielen Eltern, stärker auf die Wünsche ihrer Kinder einzugehen. Höhere Familieneinkommen sind allerdings oft damit verbunden, dass die Eltern für ihre Kinder weniger Zeit aufbringen können und materielle Zuwendung an die Stelle von persönlicher Zuwendung tritt. Viele Jugendliche würden gern darauf verzichten, materiell verwöhnt zu werden, wenn die Eltern stattdessen mehr Zeit hätten. Allerdings müsste eine verstärkte persönliche Zuwendung bereits in der frühen Kindheit beginnen, damit sich eine positive Eltern-Kind-Beziehung entwickeln kann.

Ein weiterer Vorwurf bezieht sich auf die angebliche Rücksichtslosigkeit der heutigen Jugend. Auch hierfür gibt es viele Beispiele. Aber es muss auch nach den Ursachen gefragt werden. Sicher spielt dabei das Angebot an Fernsehfilmen, in denen Rücksichtslosigkeit geradezu als Tugend dargestellt wird, eine wichtige

Rolle. Zudem ist auch das Verhalten der Erwachsenen oft durch Rücksichtslosigkeit geprägt. Und schließlich darf die bei Jugendlichen zu beobachtende Rücksichtslosigkeit nicht verallgemeinert werden. Es gibt nämlich genügend Bespiele dafür, dass sich junge Leute auch äußerst sensibel, hilfsbereit und rücksichtsvoll verhalten.

Immer wieder wird in der Öffentlichkeit betont, dass die heutige Jugend hauptsächlich Freizeitspaß und Konsum im Kopf hat. Dieses Vorurteil trifft ebenfalls nur für einen Teil der Jugend zu. Tatsächlich können sich viele Jugendliche die von der Werbung präsentierten Konsumgüter gar nicht leisten. Sie müssen – gewollt oder ungewollt – Konsumverzicht üben. Und Freizeit bedeutet für viele junge Leute auch aktives Engagement in Jugendgruppen, Vereinen und Hilfsorganisationen. Davon profitieren alle, auch die erwachsene Generation.

Zusammenfassend lässt sich sagen, dass man bei der Äußerung von Vorurteilen vorsichtig sein sollte, da die damit verbundenen Vorwürfe nur auf einen Teil der Jugend zutreffen. Und es muss zugleich berücksichtigt werden, dass sich die Einflüsse, denen Jugendliche heute ausgesetzt sind, gegenüber früher stark verändert haben. Man kann heute und früher nicht ohne weiteres miteinander vergleichen. Wissen sollte man aber auch, dass Vorurteile gegenüber der Jugend schon zur Zeit der alten Griechen und Römer geäußert wurden.

Ein guter Mensch am Höllentor

Die Hölle war total überfüllt. Und immer noch stand da eine lange Schlange derer, die Einlass am Eingang der Hölle begehrten. Schließlich, als das Gedränge zu beängstigend wurde, musste sich der Teufel höchstpersönlich herausbegeben, um die Bewerber fortzuschicken. „Bei mir“, so sagte er, „bei mir ist alles hoffnungslos überfüllt, sodass nur noch ein einziger Platz frei ist. Und den soll der ärgste Sünder bekommen. Sind vielleicht ein paar Mörder da?“ Keiner meldete sich. Nun forschte er unter den Anstehenden und hörte sich interessiert deren Vergehen und Verfehlungen an. Was auch immer sie erzählten: Nichts, nichts schien ihm schrecklich genug, als dass er dafür den einzigen, den noch letzten freien Platz in der Hölle hergeben wollte. Wieder und wieder blickte er die Schlange entlang. Schließlich entdeckte er einen, den er noch nicht gefragt hatte.

Und so sprach er ihn an: „Was ist eigentlich mit Ihnen – dem Herrn, der da für sich alleine steht? Sie haben noch gar nicht gesagt, was Sie getan haben! Was haben Sie getan?“ „Ich? – Nichts!“, sagte der Mann, den der Teufel angesprochen hatte. „Ich war ein guter Mensch und bin nur aus reinem Versehen hier. Ich habe geglaubt, die Leute ständen hier um Tabak an!“ „Aber – Sie müssen doch etwas getan haben!“, sagte der Teufel. „Jeder Mensch stellt im Laufe seines Lebens etwas an.“ „Ich sah es wohl!“, sagte der „gute Mensch“. „Aber ich hielt mich davon peinlich fern. Ich sah, wie die Menschen ihre Mitmenschen verfolgten. Aber ich habe mich niemals daran beteiligt. Sie haben Kinder hungern lassen und in die Sklaverei verkauft! … Sie haben auf den Schwachen herumgetrampelt. Überall um mich herum haben die Menschen von Übeltaten jeder Art profitiert. Ich allein widerstand der Versuchung und tat nichts!“ „Absolut nichts?“, fragte der Teufel erstaunt und einigermaßen ungläubig. „Sind Sie völlig sicher, dass Sie das alles mitangesehen haben?“ „Aber ja! Vor meiner eigenen Haustür!“, sagte der „gute Mensch“. „Und nichts haben Sie getan?“, wiederholte der Teufel seine Frage. „Nein, beim Teufel nein!“

„Dann – dann komm herein, mein Sohn! Der letzte freie Platz – er soll dir gehören!“ Und als er den „guten Menschen“ einließ, drückte sich der Teufel zur Seite, um nicht mit ihm in Berührung zu kommen.

Literaturangabe: Nach *Don Pedro Calderon* (Originalquelle unbekannt).

Arbeitsaufträge	**Punkte**
1. Fasse den Inhalt des Textes in wenigen Sätzen zusammen	3
2. Formuliere eine andere Überschrift, die die Kernaussage des Textes trifft.	2
3. Der Teufel bietet den letzten freien Platz dem „guten Menschen“ an. Schreibe auf, wie der Teufel seine Wahl den anderen Bewerbern gegenüber begründen kann.	3
4. Im Zusammenhang mit Hölle und Teufel gibt es viele Redewendungen. Erkläre <u>eine</u> der folgenden Redewendungen an einem Beispiel: • „den Teufel an die Wand malen“ • „Eine Person oder eine Sache verteufeln“	2
5. Du beobachtest, wie ein Mitschüler von anderen massiv bedrängt wird. Schreibe auf, welche Gedanken dir in dieser Situation durch den Kopf gehen könnten. Beginne so: „Was soll ich nur tun? …“ (Umfang ca. ½ Seite)	5
6. Der „gute Mensch“ in der Geschichte entzieht sich jeder Verantwortung. Zeige an zwei Beispielen auf, wie du für andere Verantwortung übernehmen kannst. (Umfang ca. 1 Seite)	6
7. Die Welt wird nicht nur bedroht von den Menschen, die böse sind, sondern auch von denen, die Böses zulassen. Nimm Stellung zu dieser Aussage. Denke dabei an Beispiele aus Politik, aus Geschichte oder aus deinem Erfahrungsbereich. (Umfang ca. 1 Seite)	7
	28

Lösungen

1. Zusammenfassung

In dieser lehrhaften Geschichte wird von einer Hölle erzählt, die völlig überfüllt ist. Als nur noch ein einziger Platz frei ist, soll schließlich noch der größte Sünder eingelassen werden. Dem Teufel fällt ein allein stehender Mann auf, der sich selbst für einen „guten Menschen" hält. Er habe zwar gesehen, wie Menschen ihre Mitmenschen verfolgten, habe Übeltaten direkt vor seiner Haustüre beobachtet, aber selbst nichts gemacht, sagt er. Das erscheint nun dem Teufel als die größte aller Sünden, so groß, dass er ihn in die Hölle lässt, aber nicht mit ihm in Berührung kommen möchte.

2. Mögliche Überschriften

- Auch wer nichts tut, kann schuldig werden
- Der gute Mensch, der keiner war

3. Begründung

Diesem „guten Menschen" steht der letzte Platz in der Hölle zu, denn er ist hier der größte Sünder. Obgleich er selbst aktiv nichts Böses getan hat, ist er nämlich in doppelter Weise schuldig geworden: Er hat zugelassen, dass andere ihren Mitmenschen Böses antun. Und er hat das Leid anderer mitangesehen, ohne es lindern. Auf dieses Weise hat er sich nicht nur an einem, sondern an zahlreichen Menschen schuldig gemacht.

4. Redewendungen

„Den Teufel an die Wand malen" bedeutet, dass ein Unheil heraufbeschworen wird. Ein Beispiel dafür: Zwei Jugendliche gehen in sommerlicher Kleidung spazieren. Als Wolken aufziehen, meint einer „Es wird gleich regnen." Der andere sagt daraufhin: „Mal den Teufel nicht an die Wand!" Dahinter steht die Vorstellung, dass ein Unheil, wenn man es „an die Wand malt" oder auch nur ausspricht, Wirklichkeit wird.

„Eine Person oder eine Sache verteufeln" bedeutet, dass etwas als schlecht oder „teuflisch" hingestellt wird, obwohl dieses Urteil ungerechtfertigt ist. So wird z. B. von manchen das Fernsehen „verteufelt", also ausschließlich negativ dargestellt, obwohl es neben manchen unguten Nebenwirkungen doch zweifellos viele positive Nutzungsmöglichkeiten bietet.

5. Gedanken

Was soll ich nur tun? Ein Mitschüler wird von anderen massiv bedrängt. Vielleicht werden sie ihn schlagen. Der angegriffene Mitschüler hat sicher Angst, fast sieht es so aus, als wenn er sogar verletzt werden könnte. Ich müsste eingreifen und ihm helfen. Wenn ich nicht eingreife, werde ich durch die unterlassene Hilfeleistung schuldig. Vielleicht mache ich mich sogar strafbar. Es ist also dringend notwendig, dass ich meinem Mitschüler helfe. Vielleicht gelingt es mir, die Angreifer zu beruhigen oder abzulenken. Wenn ich mich einmische, kann es aber auch sein, dass ich selbst mit negativen Folgen rechnen muss. Ich habe Angst davor, dass die Angreifer ihre Wut dann auch gegen mich richten könnten. Wenn ich nicht eingreife, werden jedoch die Angreifer durch mich unterstützt und ermutigt. Das nächste Mal könnte dann ich das Opfer sein. Vielleicht muss ich dann auch die Erfahrung machen, dass mir niemand hilft. Was soll ich nur tun?

6. Zwei Beispiele, wie ich für andere Verantwortung übernehmen kann

Dass es vielfältige Möglichkeiten gibt, für andere Verantwortung zu übernehmen, möchte ich an zwei Beispielen aufzeigen.

Verantwortung für andere kann ich als Schüler direkt in der Schule übernehmen. Das ist unmittelbar im Klassenzimmer oder im Pausenhof möglich, z. B. wenn ich jemandem helfe oder ihn vor körperlichen Angriffen oder Beleidigungen schütze. Besonders sind natürlich schwächere Mitschülerinnen und Mitschüler darauf angewiesen, dass sich andere für sie mitverantwortlich fühlen. Verantwortung kann ich in der Schule aber auch als Klassensprecher oder als Schülersprecher übernehmen. Von dieser Verantwortung profitiert nicht nur ein einzelner Mitschüler, sondern die gesamte Schulgemeinschaft. Ich habe selbst aber auch Vorteile davon: In einer Gemeinschaft, in der sich viele für einander verantwortlich fühlen, lebt es sich einfach besser, als wenn niemand Verantwortung übernehmen möchte.

Verantwortung kann ich aber nicht nur für Personen meiner unmittelbaren Umgebung übernehmen. So ist aktiver Umweltschutz ein Beispiel für Verantwortung, die orts- und länderübergreifend nicht nur für die Gegenwart gilt, sondern auch in die Zukunft reicht. Wenn ich heute Energie spare, helfe ich mit, dass auch späteren Generationen noch Energie zur Verfügung steht. Wenn ich mich für sparsamen Wasserverbrauch, Abfallvermeidung und die Wiederverwertung von Wertstoffen einsetze, trage ich dazu bei, dass auch in späteren Jahren noch ein lebenswertes Leben auf unserem Planeten möglich ist. Vielleicht habe ich ja später einmal Kinder und Enkel. Umweltschutz heißt also auch, schon heute für sie Verantwortung zu übernehmen.

7. Stellungnahme

Für die Richtigkeit der Behauptung, dass die Welt nicht nur von Menschen bedroht wird, die böse sind, sondern auch von denen, die Böses zulassen, lassen sich zahlreiche Belege finden.

Ein sehr bekanntes Beispiel aus der deutschen Geschichte ist das Verhalten weiter Bevölkerungskreise während der Zeit des „Dritten Reiches". Geschichtsforscher gehen heute davon aus, dass der Kreis der überzeugten Nationalsozialisten, die aktiv an Verbrechen gegen die Menschlichkeit beteiligt waren, recht klein gewesen ist. Eine Mehrheit der Bevölkerung hat jedoch die unheilvollen Taten der Nationalsozialisten zugelassen und zugleich in Kauf genommen, dass z. B. Mitbürger jüdischen Glaubens zunächst ihre Rechte verloren und schließlich mit unglaublicher Grausamkeit in den Konzentrationslagern umgebracht wurden. Der Kreis der Personen, der aktiv Widerstand geleistet hat, oft unter Einsatz des eigenen Lebens, ist dagegen zu klein gewesen. So konnte „Böses", speziell die Ermordung von Juden oder Regimegegnern oder gar die Auslösung des 2. Weltkrieges, nicht verhindert werden und wenige böse Menschen konnten die ganze Welt bedrohen.

Auch mein unmittelbarer Erfahrungsbereich bietet Beispiele, die auf die Richtigkeit der oben genannten Aussage hinweisen. Die häufig beklagte „Gewalt an Schulen" geht ja nur von einer Minderheit aus, meist sogar nur von ganz wenigen Schülern, die für ihre Gewalttätigkeit bekannt sind. Die Gewalt dieser Schüler wird aber von vielen Mitschülerinnen und Mitschülern aus Angst oder aus falsch verstandener Solidarität zugelassen. Auch gibt es nur wenig Solidarität mit den Opfern. So kann gewalttätiges Verhalten sich schließlich ausbreiten, kann „Schule machen" und das Bild einer gesamten Schule in der Öffentlichkeit prägen. Schuldig sind auch hier nicht nur die eigentlichen Täter, sondern auch die, die das „Böse" zugelassen haben.

Ein leerer Bauch studiert nicht gern

Das schmalgesichtige deutsche Nachkriegskind, das von den alliierten Besatzungsmächten mit Haferflocken und Kakao aufgepäppelt wurde, und der übergewichtige Teenager, der ein halbes Jahrhundert vorwiegend von Cola und Hamburgern lebt, haben mehr gemeinsam als man auf den ersten Blick annehmen möchte: Beide waren bzw. sind mangelernährt. Während es jedoch in den Jahren nach 1945 einfach nicht genug zu essen gab, konsumieren Kinder und Jugendliche heute zwar viel, aber oftmals das Falsche und das auch noch zur falschen Zeit.

Dies beginnt bereits mit dem Frühstück, das von Ernährungsfachleuten gern als „Sprungbrett in den Tag" bezeichnet wird. Nach der Nachtruhe sind nämlich die Energiereserven, die der Körper am Vortag angelegt hat, aufgebraucht und der Organismus muss sozusagen neu angekurbelt werden. Damit Schulkinder den Vormittag konzentriert beginnen, brauchen sie einen Energieschub, der entsprechend lange vorhält. Umfragen haben jedoch ergeben, dass über ein Drittel von ihnen nicht ausreichend frühstückt – wenn sie nicht überhaupt mit leerem Magen aus dem Haus gehen, um dann eine Stunde später heißhungrig zum Schokoriegel zu greifen.

„Natürlich gibt es Kinder, die morgens keinen Bissen herunterbringen", sagt eine Ernährungswissenschaftlerin vom Kuratorium Schulverpflegung. „Man sollte in diesem Fall versuchen, sie wenigstens zu etwas Milch oder Müsli zu bewegen." Umso wichtiger sei da jedoch der Pausenimbiss. Von den fünf kleineren Mahlzeiten, die statt der traditionellen drei großen empfohlen werden, sollten das erste und das zweite Frühstück zusammen ein Drittel des täglichen Energiebedarfs eines Schulkindes abdecken. Unser Organismus ist darauf geeicht, zu bestimmten Zeitpunkten mehr, zu anderen weniger Energie bereitzustellen. Durchschnittlich sind wir z. B. um neun Uhr morgens am konzentriertesten, am Nachmittag und Abend gibt es kleinere Zwischenhochs. Die Mahlzeiten vor und in der Schule unterstützen diese morgendliche Leistungsspitze und verhindern gleichzeitig ein allzu dramatisches Leistungstief.

Wenn die Pausenverpflegung jedoch aus einer Weißmehlsemmel mit fetter Wurst, einem Mohrenkopf und gezuckerter Limonade besteht, ist das wenig sinnvoll. Wer dann noch mittags eine Portion Pommes frites mit Cola hinunterspült, sich am Nachmittag nur wenig bewegt und den Tag mit einem späten, kalorienhaltigen Abendessen beschließt, tut sich keinen Gefallen: Weil der Körper überschüssige Energie in Fett umwandeln kann, ist Übergewicht vorprogrammiert. Zudem führt die einseitige Kost zu Mangelerscheinungen.

Viele Schulkinder leiden unter einem Defizit an Vitaminen und Mineralien wie z. B. Calcium, das sie jedoch dringend für den Knochenaufbau benötigen. Andere wichtige Aufbau- und Ballaststoffe fehlen, weil sie zu wenig Vollkornprodukte, Obst und Gemüse essen. Dies führt zu schnellerer Ermüdung und Konzentrationsschwächen.

Auf Nummer Sicher geht man natürlich, wenn man seinem Kind eigenhändig ein gesundes Pausenfrühstück einpackt. Wer ihm stattdessen ein paar Mark zusteckt, damit es sich in der Pause selbst aussucht, was es gerne essen möchte, sollte sich das gut überlegen.

Literaturangabe: Nach *Schule aktuell* Nr. 2/1997.

Arbeitsaufträge **Punkte**

1. Im ersten Abschnitt wird der Begriff „mangelernährt“ in zweifacher Bedeutung verwendet. Erkläre sie. 2
2. Im Text werden einige Ernährungsfehler genannt. Schreibe vier davon in Stichpunkten auf. 2
3. Erkläre, welche Absicht der Verfasser deiner Meinung nach mit diesem Artikel verfolgt. 2
4. Folgende Begriffe kommen im Text als Fremdwörter vor:
   - verbrauchen
   - Mangel
   - verbündet
   - herkömmlich

   Suche im Text die passenden Fremdwörter und ordne sie entsprechend zu. 2
5. Das körperliche Wohlbefinden wird nicht nur durch falsche Ernährung beeinträchtigt.
   Stelle an zwei Beispielen ausführlich dar, dass diese Behauptung stimmt. 6
6. Eine vernünftige und positive Lebensgestaltung erfordert mehr als nur eine ausgewogene Ernährung.
   Erläutere ausführlich. (Umfang ca. ¾ Seite) 6
7. Der Lernerfolg hängt nicht nur von vernünftigen Essgewohnheiten, sondern vor allem davon ab, wie Schüler lernen.
   Schreibe einen Artikel für die Schülerzeitung, der deinen Mitschülern hilft, ihr Lernverhalten zu verbessern. (Umfang ca. 1 Seite) 8

28

Lösungen

1. Zwei Bedeutungen

Das Wort „mangelernährt“ bedeutet im Zusammenhang des Textes

- dass die Kinder der Nachkriegszeit nicht genügend zu essen hatten und
- dass sich heutige Kinder sehr einseitig ernähren.

In beiden Fällen kann es zu Mangelerscheinungen kommen, die sich z. B. in der Anfälligkeit für Krankheiten oder geringer Leistungsfähigkeit äußern.

2. Vier Ernährungsfehler

- viel, aber das Falsche zur falschen Zeit essen
- nicht ausreichend frühstücken oder gar mit leerem Magen zur Schule gehen
- kalorienhaltige Ernährung, die bei fehlender Bewegung vom Körper in Fett umgewandelt wird und zu Übergewicht führt
- einseitige Ernährung, die dem Körper zu wenig Vitamine, Mineralien und andere wichtige Aufbaustoffe zuführt

3. Die Absicht des Verfassers

Der Verfasser möchte mit diesem Artikel zunächst über die Folgen unterschiedlicher Essgewohnheiten informieren. Sicherlich denkt er, dass durch diese Information ungesunde Ernährungsgewohnheiten vermieden werden können und Eltern ihre Kinder dann zu einer Ernährung anregen, die gesund ist und das Lernen unterstützt.

4. Fremdwörter

- verbrauchen – konsumieren (Zeile 6)
- verbündet – alliiert (Zeile 1)
- Mangel – Defizit (Zeile 37)
- herkömmlich – traditionell (Zeile 22)

5. Zwei Beispiele

Das körperliche Wohlbefinden ist von vielen Faktoren abhängig, es kann nicht nur durch falsche Ernährung beeinträchtigt werden.

An erster Stelle steht natürlich die körperliche Gesundheit. Körperliche Verletzungen, Krankheit oder auch nur das Gefühl, krank zu sein, beeinträchtigen das körperliche Wohlbefinden meist ganz erheblich. Ist die Erkrankung noch dazu mit Schmerzen, mit der Beeinträchtigung der Bewegungsfreiheit oder mit Veränderungen des gewohnten Tagesablaufes verbunden, so kann man sich nicht wohl fühlen und natürlich auch nicht den gewohnten Anforderungen in der Schule, im Elternhaus oder im Freundeskreis entsprechen.

Für das körperliche Wohlbefinden von ebenso großer Bedeutung wie die körperliche Gesundheit ist die seelische Gesundheit. Nicht nur seelische Erkrankungen im engeren Sinne können jedoch das körperliche Wohlbefinden beeinträchtigen. Oft führen unerfreuliche Wohn- oder Arbeitsbedingungen, Probleme in der Familie oder im Freundeskreis oder sonstige Sorgen zu Störungen des Seelenlebens, was sich dann wiederum körperlich äußern kann. Bekannt ist, dass einem Probleme „auf den Magen schlagen" können. In bestimmten Situationen kann zu Schweißausbrüchen kommen, obwohl das Thermometer keine erhöhten Temperaturen anzeigt, oder es wird einem ganz einfach schlecht. Auch hier ist offensichtlich, dass man sich körperlich nicht wohl fühlt.

6. Vernünftige und positive Lebensgestaltung

Wer sein Leben vernünftig und positiv gestalten möchte, darf nicht nur auf eine ausgewogene Ernährung achten, denn es gibt eine ganze Reihe von Dingen, die unter diesem Gesichtspunkt von Bedeutung sind.

Wichtig ist, dass man, soweit das möglich ist, auch über die Ernährung hinaus etwas für seine Gesundheit tut. Dazu gehört, dass man möglichst auf das Rauchen verzichtet und den Genuss von Alkohol einschränkt. Aber auch durch sportliche Betätigung kann man einen Beitrag zur positiven Lebensgestaltung leisten. Mindestens genau so wichtig ist, dass man soziale Kontakte hat und damit verbunden das Gespräch und die Gemeinschaft in der Familie, in der Schule und im Freundeskreis sucht. Nur so kann dem negativen Erlebnis der Einsamkeit vorgebeugt werden.

Eine positive Lebensgestaltung ist immer auch mit einem Lebenssinn verbunden. Nur wer im Leben einen Sinn sieht, kann dieses Leben auch positiv gestalten und erleben. Nach der Antwort auf die Frage, was der Sinn des Lebens ist, muss allerdings jeder selbst suchen. Oft wird er in einem zufriedenstellenden Beruf gefunden, oft jedoch auch im Engagement für menschliche Lebensbedingungen oder einfach in der Unterstützung von Menschen, die Hilfe brauchen.

7. Wie man leichter lernen kann

Wer auf die richtige Ernährung zum richtigen Zeitpunkt achtet, kann damit seinen Lernerfolg positiv beeinflussen. Zusätzlich sollte aber auch auf das richtige Lernverhalten geachtet werden.

Zum richtigen Lernverhalten gehört zunächst die richtige Gestaltung eines Arbeitsplatzes, an dem man möglichst nicht gestört wird. Hier sollten alle Materialien, die man zum Lernen braucht, griffbereit sein. Auch auf die richtige Beleuchtung muss geachtet werden und auf einen Sitzplatz, der ein bequemes Arbeiten erlaubt.

Ein anderer wichtiger Punkt ist die richtige Zeiteinteilung. Der Lernstoff muss in überschaubare Einheiten eingeteilt werden, die auch zeitlich zu schaffen sind. Man sollte nicht versuchen, den gesamten Stoff am Tag vor einer Probe oder Prüfung lernen zu wollen. Sinnvoller ist es, schrittweise vorzugehen und genügend Zeit zum Wiederholen einzuplanen. Eine richtige zeitliche Planung ermöglicht es auch, bei auftauchenden Problemen noch einmal bei der Lehrerin oder bei einem Mitschüler nachzufragen. Wie lange jemand lernen muss, wie oft ein Stoff wiederholt werden muss, bis er „sitzt", das ist allerdings von Schüler zu Schüler verschieden. Hier zeigt sich aber, dass jemand, der regelmäßig richtig lernt, dafür immer weniger Zeit aufwenden muss. Es stellt sich einfach eine gewisse Routine ein und man hat schließlich auch eine gewisse Grundlage, mit der neue Informationen leichter verknüpft werden können.

Jeder Stoff und jedes Thema erfordert eine andere Lerntechnik. Gemeinsam ist den meisten Themen jedoch, dass es nicht ausreicht, einfach nur die entsprechenden Stellen im Heft oder im Buch zu lesen. Erfolgreicher lernt, wer sich schon vorher Gedanken macht, wie die Fragestellung in der Prüfung lauten könnte, und versucht, sie schriftlich zu bearbeiten. Hilfreich kann es auch sein, einem Mitschüler oder einem Familienmitglied das Thema vorzustellen und auf Fragen zu antworten.

Wer schon im Unterricht gut mitarbeitet, die Grundregeln des Lernens berücksichtigt, sich von aufgeregten Mitschülern nicht in Panik versetzen lässt und bei einer Prüfungssituation gut ausgeschlafen antritt, der hat alles getan, was zur Vorbereitung möglich war.

Abschlussprüfung an Hauptschulen in Bayern 2000
Deutsch – Diktat

Soll man Computerspiele verteufeln?

Immer wieder hört man warnende Stimmen, / die auf mögliche Gefahren durch Computerspiele hinweisen. / Aber Computerspiele können nach Ansicht von Experten / auch eine sinnvolle Freizeitbeschäftigung / für Kinder und Jugendliche sein. / Nach einer neuen Studie fördern viele Spiele / die Denk- und Kombinationsfähigkeit / sowie schnelles Reaktionsvermögen. / Besonders empfohlen werden / von Fachleuten Strategiespiele, / bei denen Kinder Zusammenhänge erkennen lernen. / Auch Autorennen und Aktionsspiele / können positive Wirkung haben, / denn sie helfen unter Umständen / Aggressivität abzubauen. / Das logische Denkvermögen kann beispielsweise / durch Detektivspiele gefördert werden.

Als besonders positiv wird bewertet, / dass Kinder durch die Spiele / mit wichtigen Funktionen / eines Computers vertraut werden. / Das schafft gute Voraussetzungen / für die Arbeitswelt, / die heute in vielen Bereichen / vom Computer geprägt ist. /

Spiele verstärken in der Regel / Einstellungen und Verhaltensweisen. / Vorsicht ist deshalb bei Spielen / mit Gewaltdarstellungen aller Art geboten. / So können zum Beispiel brutale Spiele / durchaus die Gewaltbereitschaft erhöhen. / Deshalb darf man es nicht nur den Kindern überlassen, / welche Spiele sie auswählen / und wie viel Zeit sie vor dem Bildschirm verbringen. / Hier sind auch Eltern und Erzieher gefordert / und müssen sich ihrer Verantwortung bewusst sein.

(180 Wörter)

Literaturangabe: Nach *Nordbayerischer Kurier* vom 12./13. Juni 1999.

Abschlussprüfung an Hauptschulen in Bayern 2000
Deutsch – Textaufgabe 1

Das „Hotel Mama“ hat ausgedient

Das Kinderzimmer wirkt seltsam verlassen. Auf dem Fußboden Symbole der Jugend: grelle Klamotten im Hip-Hop-Flair, ein Skateboard, Markenturnschuhe. Stumme Zeugen eines Lebensabschnitts, der seinem Ende entgegenstrebt. Wie so oft in letzter Zeit ist Markus (16) nicht zu Hause, sondern mit seiner Clique unterwegs. Seine Mutter setzt sich auf das Bett, das sich ihr Sohn von seinem eigenen Geld gekauft hat.

Loslassen oder festhalten? Wie oft stand Frau Winter schon vor dieser Entscheidung? Unzählige Male: als Markus das erste Mal allein zur Schule gehen wollte, die ersten Disco-Besuche anstanden, als er Solo-Ferien in Spanien plante. Und nun wieder. Zunächst hatte sie sein Gerede von „den eigenen vier Wänden“ als teeny-typische Freiheits-Spinnerei abgetan. Doch nun ist sie sich nicht mehr sicher, ob seine Ankündigung, bald auszuziehen und mit Freunden zusammenziehen zu wollen, nicht doch ernst zu nehmen ist. Denn das Thema kommt immer wieder auf den Tisch. Vor kurzem hat sie sogar die Mietanzeigen der Tageszeitung auf seinem Schreibtisch liegen sehen.

Eigentlich ist Frau Winter innerlich noch nicht bereit, ihr „Kind“ schon in die totale Selbstständigkeit zu entlassen. Wie soll das auch gehen? Markus geht doch noch zur Schule! Die Gedanken in ihrem Kopf spielen Ping-Pong. Ist er mit 16 nicht noch viel zu jung um auf eigenen Beinen zu stehen? Und wer soll das finanzieren?

Erwachsen werden – das ist für Jugendliche ein dramatischer Befreiungsakt. Noch vor wenigen Jahren machte das Schlagwort vom „Hotel Mama“ die Runde. Die meisten Söhne und Töchter, so wurde damals publiziert, hätten es alles andere als eilig mit der Abnabelung und blieben bis weit ins zweite Lebensjahrzehnt zu Hause wohnen. Heute scheint es dagegen eher, als versuchten die Jugendlichen ihre Selbstständigkeit im Rekordtempo zu erlangen. Der Wunsch, bereits vor Erreichen der Volljährigkeit in „die eigenen vier Wände“ zu ziehen, hat längst keinen Seltenheitswert mehr. Die Gründe für das frühe Freiheitsstreben der Teens sind vielfältig. „In der Tat“, bestätigt ein Familienberater, „sind die modernen Jugendlichen sehr reif und selbstständig. Was nicht heißt, dass sie auf Orientierungshilfen, Halt und Zuwendung ihrer Eltern verzichten können.“

Dabei sind sich Erziehungs-Fachleute einig: Das Alter spielt in Bezug auf die seelische Reife eines Heranwachsenden nur eine untergeordnete Rolle. „Manche Youngster", sagt eine Expertin, „sind mit 16 durchaus in der Lage, allein zu leben." Sichere Anzeichen dafür sind, dass sie ein zuverlässiges Wahrnehmungsvermögen besitzen. Beurteilen können, ob eine Situation gefährlich oder harmlos ist. Zwischen „guten" und „weniger guten" Freunden unterscheiden können. Wissen, dass zur Freiheit auch Verantwortung gehört. Den Zusammenhang zwischen Rechten und Pflichten kennen. Ihren Tagesablauf selbstständig planen. Keine Luftschlösser bauen. Mit Niederlagen umgehen können. Einen Plan für ihren Weg in die Selbstständigkeit haben. Und nicht erwarten, dass die unangenehmen Pflichten wie Wäschewaschen weiter zu Hause erledigt werden.

Übrigens wollen nicht alle Jugendlichen, die mit Auszug drohen, auch tatsächlich gehen. Manchmal steckt auch nur der Wunsch nach mehr Mitspracherecht dahinter. Es liegt in der Natur der Teens, mehr Freiheiten zu fordern, als ihnen zugestanden werden – und manchmal sogar mehr, als sie wirklich wollen.

Dennoch: Nach Freiheit strebende Teens gegen ihren ausdrücklichen Willen zu halten, kann zu einer kräftezehrenden Tortur werden. Doch das letzte Wort haben, rein rechtlich gesehen, immer noch die Eltern. Sie müssen sicherstellen, dass sie im Falle eines Auszuges ihre Sorgepflicht nicht verletzen. Experten empfehlen daher eine Trennung auf Probe. Oft bessert sich das Verhältnis dann schlagartig, weil jeder mehr nach eigenen Vorstellungen leben kann und aus der Distanz eher erkennt, was er am anderen hat. Happy End und Rückkehr in die Familie sind nicht ausgeschlossen. Ablösung meint nicht Auflösung, sondern Umgestaltung der Beziehung und Abschied mit Rückkehr-Garantie.

Literaturangabe: Nach *Rebecca Krieger:* Mit 16 von zu Hause ausziehen.
In: FÜR SIE Nr. 19/1999.

Arbeitsaufträge **Punkte**

1. Die Verfasserin des Textes verwendet in der Überschrift den Ausdruck „Hotel Mama".
   Erkläre in einigen Sätzen, was unter diesem Begriff zu verstehen ist. 2

2. Folgende Begriffe kommen im Text als Fremdwörter vor:
   a) Qual
   b) veröffentlicht
   c) Entfernung
   d) Geldmittel bereit stellen

   Suche die passenden Fremdwörter heraus und ordne sie zu. 2

3. Der fünfte Absatz enthält viele unvollständige Sätze.
   a) Welche Absicht verfolgt die Verfasserin deiner Meinung nach mit diesem sprachlichen Mittel?
   Begründe kurz. 1
   b) Wähle vier dieser unvollständigen Sätze aus und vervollständige sie. Achte auf einen abwechslungsreichen Satzbau und vermeide Wiederholungen. 2

4. Eigentlich ist Frau Winter innerlich noch nicht bereit, ihr „Kind" in die totale Selbstständigkeit zu entlassen. Die Gedanken in ihrem Kopf spielen Ping-Pong.
   a) Erkläre mit eigenen Worten, was damit gemeint ist. 2
   b) Formuliere in Form eines Tagebucheintrages ihre Bedenken, ihr „Kind" loszulassen. (Umfang ca. ½ Seite) 4

5. Die „Freiheitsspinnerei" von Jugendlichen führt in Familien immer wieder zu Diskussionen.
   a) Notiere stichpunktartig vier überzeugende Argumente, die dem Jugendlichen in einer solchen Diskussion hilfreich sein können. 2
   b) Trotz aller Freiheitsbestrebungen sind in manchen Situationen Orientierungshilfen durch die Eltern unverzichtbar.
   Erläutere dies an zwei konkreten Beispielen. 4

6. Das eigene Leben „in die Hand nehmen", heißt nicht nur „machen, was man will."
   Nimm Stellung zu dieser Aussage. (Umfang ca. 1 ½ Seiten) 9

28

Lösungen

1. „Hotel Mama“

Noch vor wenigen Jahren haben viele Jugendliche sehr lange bei ihren Eltern gewohnt und ähnlich wie in einem Hotel den „Service des Hauses“ genossen: vom Essen bis zur Grundreinigung des Zimmers. Da diese Dienstleistungen in der Regel von der Mutter übernommen wurden, sprach man vom „Hotel Mama“. Für die Jugendlichen handelte es sich dabei meist um ein sehr preiswertes „Hotel“, denn nur selten wurden von ihnen entsprechende Pflichten erwartet.

2. Fremdwörter

a) Qual – Tortur (Zeile 50)
b) veröffentlicht – publiziert (Zeile 23)
c) Entfernung – Distanz (Zeile 55)
d) Geldmittel bereit stellen – finanzieren (Zeile 20)

3. Unvollständige Sätze

a) Die im fünften Absatz vorkommenden unvollständigen Sätze kann man als Aufzählung weiterer Nebensätze zum vorhergehenden Satz verstehen. Dass die Autorin darauf verzichtet, einen „Mammutsatz“ mit mehreren aufeinanderfolgenden dass-Sätzen zu konstruieren, dient also zunächst der Übersichtlichkeit und Verständlichkeit.
Die schlagwortartige Formulierung macht aber auch deutlich, dass hier zahlreiche Argumente vorgebracht werden, die Frau Winter davon überzeugen können, dass sie eher „loslassen“ und weniger „festhalten“ sollte.

b) Beispiele ergänzen
- *Die Jugendlichen* wissen *heute,* dass zur Freiheit auch Verantwortung gehört.
- *Es hat sich gezeigt, dass manche 16-Jährige durchaus* mit Niederlagen umgehen können.
- *Sie haben gelernt,* ihren Tagesablauf selbstständig *zu* planen.
- *Wer weiß, was er will, wird* keine Luftschlösser bauen.

4. Gedanken im Kopf von Frau Winter

a) Mit der Formulierung, dass die Gedanken im Kopf von Frau Winter „Ping-Pong spielen“, ist gemeint, dass ihre Gedanken hin und her gehen, wie der Ball bei einem Tischtennis-Spiel. Auf Lösungen zu Problemen folgen neue Probleme, auf neue Probleme folgen neue Ideen zur Lösung. Eine endgültige Lösung für das angesprochene Problem kann Frau Winter im Moment nicht finden, daher muss sie mit ihren Gedanken noch weiter „spielen“.

b) Tagebucheintrag:

Es ist Abend und Markus ist, wie so oft in letzter Zeit, nicht da. Er ist mit seiner Clique unterwegs. Wo er ist, das weiß ich nicht. Eigentlich weiß ich auch nicht genau, welche Leute zu seiner Clique gehören. Er sagt mir ja nicht mehr alles.

Und ich sitze hier und überlege, ob das so richtig ist. Durfte ich denn mit 16 Jahren abends einfach weggehen? Haben sich die Zeiten nur geändert? Oder ist es ein großer Fehler, dass ich mich nicht stärker in sein Leben einmische? Vielleicht müsste ich darauf bestehen, dass er mir sagt, wo er ist, was er macht und mit wem er befreundet ist. Schließlich bin ich ja für ihn verantwortlich. Aber dann besteht wiederum die Gefahr, dass er seinen Plan, von zu Hause auszuziehen, wahr macht. Dann hätte ich überhaupt keinen Einfluss mehr auf ihn. Ob es allen Müttern so geht, dass sie den Weg ihres Kindes in die Selbstständigkeit mit so großer Angst und Unsicherheit erleben? Vielleicht sind diese Konflikte ja ganz normal.

5. Die „Freiheitsspinnerei"

a) Argumente, die für einen Jugendlichen in der Diskussion hilfreich sein können:

- Früher haben Kinder und Jugendliche in meinem Alter längst gearbeitet. Oft mussten sie sogar in eine andere Stadt ziehen und weit weg von ihren Eltern wohnen.
- Ich bekomme ja jetzt ein Lehrlingsgehalt. Wenn ich mit Freunden zusammenziehe, können wir uns die Kosten für eine Wohnung teilen.
- Ich weiß, dass zur Freiheit auch Verantwortung gehört.
- Selbst Fachleute sind sich einig, dass man mit 16 Jahren durchaus in der Lage ist, allein zu leben. Vor allem natürlich dann, wenn die Eltern noch in der Nähe sind und im Notfall helfen könnten.

b) Orientierungshilfen:

Trotz aller Freiheitsbestrebungen der Jugendlichen sind in manchen Situationen Orientierungshilfen durch die Eltern unverzichtbar.

Durch die Psychologie wissen wir, dass Eltern ihren Kindern vor allem durch ihr Vorbild Orientierungshilfen bieten. Ein Beispiel dafür ist der Umgang mit Alkohol. Wenn Jugendliche ohne direkte Kontrolle ihrer Eltern leben, besteht durchaus die Möglichkeit, dass sie in bestimmten Situationen in gefährlichem Ausmaß alkoholische Getränke zu sich nehmen. Wenn die Jugendlichen durch ihre Eltern einen verantwortungsbewussten Umgang mit Alkohol kennen gelernt haben, ist die Gefahr, dass sie sich und andere gefährden, zweifellos geringer.

Das Leben ist voller Konfliktsituationen, von denen Jugendliche leicht überfordert sind. Solche Situationen können auch in Zusammenhang mit der gerade begonnen Berufsausbildung entstehen. Bevor ein Jugendlicher hier Entscheidungen trifft, deren Folgen er nicht absehen kann, wäre es gut, wenn er sich mit seinen Eltern bespricht. Aufgrund ihrer Berufs- und Lebenserfahrung können sie ihm auch in diesem Bereich Orientierungshilfen geben.

6. Das eigene Leben in die Hand nehmen

Wenn Jugendliche anfangen, ihr Leben selbst in die Hand zu nehmen, ist das bei ihnen oft mit der Vorstellung verbunden, dass sie nun machen könnten, was sie wollen. Die Wirklichkeit sieht allerdings anders aus.

Zunächst einmal ist das Leben bei uns mit einer ganzen Reihe von gesellschaftlichen Anforderungen und Notwendigkeiten verbunden. Denen kann sich der Jugendliche nicht entziehen, ohne in seinem Leben zu scheitern.

An erster Stelle müssen sicherlich die schulische und berufliche Ausbildung und später der Beruf genannt werden. Ausbildung und Beruf unterliegen vielen Regeln, über die man sich nicht hinwegsetzen kann. Wer hier macht, was er will, wird schnell seine Lehrstelle oder seinen Arbeitsplatz verlieren, wird von Arbeitslosigkeit bedroht und unterliegt damit schließlich noch größeren Einschränkungen.

Auch außerhalb des beruflichen Bereichs ist das Leben durch zahlreiche Vereinbarungen, Vorschriften und Gesetze geregelt. Das reicht vom Verhalten im Straßenverkehr über den Umgang mit Alkohol und Drogen bis zu der Frage, wie lange man nachts Lärm machen darf, ohne Ärger wegen „nächtlicher Ruhestörung" zu bekommen.

Die hier genannten Einschränkungen und Regelungen dienen allerdings dazu, eine kompliziert gewordene Welt durchschaubar zu machen. Außerdem kann man viele Freiheiten nur auf diese Weise gefahrlos und ohne die Angst, von anderen eingeschränkt und belästigt zu werden, genießen. Entscheidend ist also, dass der Wunsch, machen zu können, was man will, dort seine Grenzen hat, wo er die Freiheiten anderer beeinträchtigt.

Ein weiterer Gesichtspunkt ist die Verantwortung. Jeder hat bei der Verwirklichung des Wunsches, zu machen, was er will, eine Verantwortung sich selbst und anderen gegenüber. Das bedeutet, dass man z. B. auf die von den eigenen Handlungen ausgehenden Gefahren auch dann achten sollte, wenn es dafür keine gesetzliche Regelung gibt. Das fängt bei der oft unbeabsichtigten Kränkung anderer Menschen an und hört beim gefährlichen, Hautkrebs auslösenden Sonnenbad noch längst nicht auf. Auch der verantwortungsvolle Umgang mit Rohstoffen und der Natur wäre in diesem Zusammenhang zu nennen.

Verantwortung bedeutet aber auch, dass man bei der Verwirklichung seiner Freiheiten nicht in egoistischer Weise nur an sich selbst denken darf. Viele Menschen, denen die gewünschte Selbstverwirklichung durch Armut, Behinderung, politische oder religiöse Verfolgung verwehrt ist, brauchen unsere Unterstützung. Innerhalb des hier aufgezeigten Rahmens gibt es aber immer noch viele Möglichkeiten, zu „machen, was man will".

Alptraum

So was habe ich kürzlich geträumt: Ich war im Ausland. Es muss ein afrikanisches Land gewesen sein, denn die Leute dort waren Schwarze. Wir waren die einzigen Weißen, wo immer wir uns auch aufhielten.
So ein Traum wäre nichts Besonderes. Nicht wert, erwähnt zu werden. Ich hab' schon oft geträumt, ganz allein zwischen Eskimos, Indianern oder Chinesen zu sein. Anregende Träume. Oft sogar aufregende Träume, schön abenteuerlich. Aber dieser Traum zwischen den Schwarzen war ganz anders. Ein Angsttraum! Denn wir – meine Eltern, mein Bruder Michael und ich – waren dort nicht als Touristen, sondern als Asylbewerber!

Ich weiß nicht, weshalb wir in diesem Traum aus Deutschland hatten flüchten müssen. Krieg? Hunger? Eine zweite Hitlerzeit? Jedenfalls waren wir auf der Flucht und suchten in diesem Land der Schwarzen Schutz. Ich fühlte es ganz deutlich: Wir waren Bittsteller. Und genauso wurden wir auch behandelt. Schließlich hatten wir ja unser Haus und unser Auto nicht bei uns, nicht mal unser Geld. Wir waren arm.
Als Mutti Briefmarken auf der Post kaufen wollte, aber ihre Mühe hatte, mit den Münzen dieses Landes klarzukommen, wurde sie vom Schalterbeamten angeschnauzt. Sie kam sich vor wie ein ausgescholtenes Kind.
Als wir einen Laden betraten, wurden wir argwöhnisch beobachtet, als sei es sozusagen selbstverständlich, dass wir auf nichts anderes aus wären, als die Kasse auszurauben oder mindestens aus den Regalen allerlei heimlich mitgehen zu lassen. In einem Restaurant wollten wir einen Teller Suppe essen. Aber sobald der Kellner unsere weißen Gesichter sah, stellte er ganz schnell auf alle Tische Schilder. Auf denen stand *reserviert.* Hungrig mussten wir wieder fortgehen.
Eine Wohnung? Wir fanden keine. Überall, wo eine Wohnung angeboten worden war, bekamen wir zu hören: „Tut uns Leid, sie ist schon vergeben ...". Schließlich hatten wir doch noch Glück. Es waren nur zwei kleine Zimmer und eine Küche, aber besser als gar nichts. Das Bad mussten wir uns mit einer anderen Familie teilen. Im selben Haus wohnten noch Italiener, Franzosen, Engländer und Polen. Lauter Weiße. Und auf der Hauswand, gleich unter unserem Fenster, stand groß hingesprüht: *Ausländer raus!* Und darunter: *Weiße sind Scheiße!*

Ich ging dort zur Schule, genauso wie Michael. Der kam gleich am ersten Tag ganz schmutzig und mit herausgerissenem Ärmel heim. Schwarze hatten ihn auf dem Schulhof verdroschen. Er ist groß und stark, er ist schon vierzehn. Aber gegen so viele kam er nicht an. Er heulte vor Wut!

Zum Glück ging's mir nicht so. Ich saß in der Schule neben einer Schwarzen. Die war sehr lieb zu mir. Sie spielte mit mir in der Pause und erklärte mir alles, was ich nicht verstand. Da war ich sehr froh.

Aber in der Nacht, daheim, als wir schon schliefen, splitterte plötzlich die Fensterscheibe, gerade über meinem Bett, etwas flog herein, es krachte fürchterlich und schon stand der ganze Raum in Flammen. Auch mein Bett. Auch ich selbst. Und ich schrie und schrie und hatte Schmerzen, wie ich sie im Leben noch nie gehabt habe. Ich hörte meine Eltern und Michael „Nina! Nina!" schreien, aber sie konnten mir nicht mehr helfen, weil ich lichterloh brannte.

Und dann war ich tot. Ich konnte mich selber sehen, weil es ja ein Traum war. Ich lag ganz klein und schwarz in der Asche und meine Eltern weinten. Michael aber rief: „Ich will nicht in diesem schrecklichen Land bleiben!"

Draußen, vor dem rauchgeschwärzten Haus, standen viele Leute. Ein paar von ihnen legten Blumen unter das Fenster, hinter dem ich geschlafen hatte.

Andere hörte ich sagen: „Wir haben ja nichts gegen Ausländer, aber wie kommen wir dazu, ihnen von unserem mühsam verdienten Geld etwas abzugeben? Wir sind hier kein Schlaraffenland für Faulenzer. Hoffentlich begreifen sie's bald. Dann käme so etwas nicht mehr vor. Jeder gehört eben in sein eigenes Land ...".

Ich wachte davon auf, dass mich Mutti schüttelte. „Was ist denn, Mäuschen?", fragte sie erschrocken. „Du hast ja so geschrien! Hast du was Schlimmes geträumt?"

„Ich bin verbrannt!", schluchzte ich. „Jemand hat mich angezündet!"

„Aber Ninakind", sagte Mutti und nahm mich in den Arm, „so etwas Schreckliches macht doch niemand. Wie kommst du nur darauf? Alle haben dich doch lieb ..."

Dann zog sie die Rollläden hoch. Es wurde ganz hell in meinem Zimmer, das so groß ist wie die ganze Wohnung zusammen, die wir in diesem Traum hatten. Durchs Fenster sah ich Michael im Garten joggen, durch das Haus zog Kaffeeduft.

Aber an der Wand des Asylantenheimes, an dem ich auf meinem Schulweg vorbei komme, steht *Ausländer raus!* und *„Schwarze, verpisst euch!*

Literaturangabe: *Gudrun Pausewang:* Alptraum. In: *Silvia Barholl* (Hrsg.): Texte dagegen. Autorinnen und Autoren schreiben gegen Fremdenhass und Rassismus. Weinheim: Beltz & Gelberg 1993.

Arbeitsaufträge **Punkte**

1. Fasse den Inhalt des Textes in wenigen Sätzen zusammen. 3

2. Erläutere kurz, welche Absicht die Autorin mit dieser Geschichte verfolgen könnte. 2

3. Im Text heißt es: „Denn wir waren dort nicht als Touristen, sondern als Asylbewerber ... Wir waren Bittsteller."
   a) Zitiere zwei Stellen aus dem Text, in denen dies deutlich wird. 2
   b) Erkläre die wesentlichen Unterschiede zwischen der Situation von Touristen und Asylbewerbern in einem fremden Land. (Umfang ca ½ Seite) 4

4. Der Kellner im Restaurant stellt schnell *„reserviert"*-Schilder auf alle freien Tische.
   Schreibe in der Ich-Form, welche Gedanken Ninas Vater dabei durch den Kopf gehen könnten. (Umfang ca. ½ Seite) 4

5. Nina schlüpft durch ihren Traum in die Rolle eines Asylbewerberkindes und erkennt dessen Probleme.
   In unserer Gesellschaft gibt es noch andere Gruppen, die Vorurteilen/Anfeindungen ausgesetzt sind (Obdachlose, alte Menschen, Behinderte).
   Versetze dich in die Lage eines solchen Menschen und beschreibe dessen Probleme im täglichen Leben. Beginne so: „So was habe ich kürzlich geträumt: Ich war ..." 5

6. „Jeder gehört eben in sein eigenes Land." Solche Aussagen hört man immer wieder.
   Erläutere ausführlich mögliche negative Folgen, wenn tatsächlich keine Ausländer mehr in Deutschland leben und Deutsche nicht mehr ins Ausland reisen dürften. (Umfang ca. 1 ½ Seiten) 8

28

Lösungen

1. Zusammenfassung

Der Text gibt den Traum, genauer gesagt, den „Alptraum“ oder Angsttraum der Ich-Erzählerin Nina wieder. Sie träumte, dass sie mit ihrer Familie als Asylbewerberin in einem afrikanischen Land gewesen sei. Im Traum wurde sie dort von vielen Einheimischen in der gleichen Weise behandelt, die afrikanische Asylbewerber oft in Deutschland erleben. Sie wurden als Bittsteller angesehen, argwöhnisch beobachtet, angeschnauzt, verdächtigt, abgewiesen, beleidigt und geschlagen. Als sie sogar Opfer eines Brandanschlags werden, wacht die Erzählerin auf. Sie erkennt, dass sie zum Glück alles nur geträumt hat. Auf dem Schulweg kommt sie aber an ausländerfeindlichen Schmierereien vorbei. Jetzt wird ihr bewusst, was Asylbewerber bei uns empfinden.

2. Absicht der Autorin

Gudrun Pausewang greift mit dieser Kurzgeschichte ein aktuelles Problem auf. Sie möchte damit deutlich machen, mit welchen Problemen Ausländer allgemein und speziell Asylbewerber in unserem Land zu kämpfen haben. Zugleich möchte sie um Verständnis für diese Menschen werben, die aus den unterschiedlichsten Gründen aus einem anderen Land nach Deutschland geflohen sind. Schließlich könnten Krieg, Hunger oder eine „zweite Hitlerzeit“ Gründe sein, dass auch Deutsche einmal wieder aus ihrem Land fliehen müssen.

3. Touristen, Asylbewerber, Bittsteller

a) Durch die folgenden Zitate wird deutlich, dass die Autorin und ihre Familie in der geträumten Situation Asylbewerber bzw. Bittsteller sind:
- „Als Mutti Briefmarken auf der Post kaufen wollte, aber ihre Mühe hatte, mit den Münzen dieses Landes klarzukommen, wurde sie vom Schalterbeamten angeschnauzt. Sie kam sich vor wie ein ausgescholtenes Kind.“ (Zeile 16 ff.)
- „Als wir einen Laden betraten, wurden wir argwöhnisch beobachtet, als sei es sozusagen selbstverständlich, dass wir auf nichts anderes aus wären, als die Kasse auszurauben oder mindestens aus den Regalen allerlei heimlich mitgehen zu lassen.“ (Zeile 19–22)
- Weitere Möglichkeiten: Zeile 22–25; Zeile 26 f.

b) Die wesentlichen Unterschiede zwischen der Situation von Touristen und Asylbewerbern in einem fremden Land:
Touristen bringen Geld in das Land, in dem sie ihren Urlaub verbringen. Sie sind eine wichtige Einnahmequelle für die Wirtschaft. Vor allem das Hotel- und Gaststättengewerbe ist geradezu auf die Touristen angewiesen. Sie wohnen in ihrem Urlaubsland meist relativ komfortabel in Hotels oder Ferienwoh-

nungen und können bei Schwierigkeiten auf die Hilfe der Einheimischen rechnen. Da sie in ihrem Heimatland meist berufstätig sind oder dort Wohnungen oder Häuser und vor allem ihre Familie haben, verbringen Touristen meist nur eine kurze Zeit von wenigen Tagen oder Wochen im Urlaubsland.
Asylbewerber dagegen leben, bedingt durch die Dauer des Asylverfahrens, meist für längere Zeit in dem Land, in dem sie um Asyl bitten. Da die Ursache der Flucht aus dem Heimatland oft Verfolgung oder bittere Armut ist, hofft der Asylbewerber auf einen möglichst langen Aufenthalt. Dem aufnehmenden Land entstehen Kosten für die Bereitstellung von Wohnraum, Verpflegung und medizinischer Grundversorgung. Auch ist das Asylverfahren sehr arbeitsintensiv und verursacht Kosten.

4. „Reserviert" – Gedanken von Ninas Vater

So ist das, wenn man als weißer Asylbewerber in einem schwarzen Land ist. Man wird als Mensch zweiter Klasse behandelt. Nicht einmal in ein Restaurant darf man. Kaum taucht man auf, schon wird schnell auf alle Tische das Schild „Reserviert!" gestellt, dabei ist alles leer und wir würden ja bald wieder gehen, um anderen Gästen Platz zu machen. Wir haben doch Hunger, vor allem die Kinder. Aber der Hass gegen uns Asylbewerber macht nicht einmal vor den Leiden der Kinder halt. Warum bloß können Menschen so ablehnend und verletzend sein? Was haben wir getan? Ob es den Schwarzen genau so gehen würde, wenn sie als Asylbewerber bei uns wären? Würde ich sie auch ablehnen? Würde ich als Kellner ebenfalls verhindern, dass sie in ein Restaurant kommen? Hat der Kellner hier überhaupt eine Entscheidungsfreiheit oder ist er von seinem Chef angewiesen worden, keine Asylbewerber zu bedienen, weil sie vielleicht andere Gäste abschrecken könnten?

5. Probleme im Leben eines Behinderten

So was habe ich kürzlich geträumt: Ich war auf dem Weg zur Schule, aber ich war behindert und konnte mich nur in einem Rollstuhl bewegen. Der Weg war für mich kaum zu bewältigen, denn die Fußwege waren eng und voller Hindernisse. Mit dem Bus konnte ich nicht fahren, weil die Stufen zu hoch waren und ich Hilfe gebraucht hätte. Aber Hilfe gab es nicht. So musste ich mich trotz schlechten Wetters mühsam und langsam selbst in meinem Rollstuhl zur Schule durchkämpfen. Kein Wunder, dass ich schon erschöpft war, als ich endlich ankam. Schon auf dem Weg hatten mich immer wieder Leute angestarrt, und ich hörte, wie sie hinter meinem Rücken über mich redeten. In der Schule war das nicht viel anders. Ich konnte ja wegen meiner Behinderung viele interessante Dinge nicht mitmachen. Manche Klassenkameraden hielten mich deshalb für einen Spielverderber. Und ich habe sogar gehört, wie sich einige darüber unterhielten, ob „so einer" denn überhaupt in eine normale Schule gehen solle. Das hat mich sehr verletzt.

Aber zum Glück gibt es in der Klasse auch einige, die ganz nett sind und sich um das dumme Gerede der anderen nicht kümmern.

6. „Jeder gehört eben in sein eigenes Land“

Wenn keine Ausländer mehr in Deutschland leben und keine Deutschen mehr ins Ausland reisen dürften, hätte das äußerst negative Folgen.
Viele Betriebe müssten sofort schließen, weil sie ohne ihre ausländischen Mitarbeiter und Mitarbeiterinnen nicht mehr produzieren oder ihre Dienstleistungen erbringen könnten. Das bezieht sich zum Beispiel auf die für unsere Wirtschaft so wichtige Autoindustrie, aber auch auf das Hotel- und Gaststättengewerbe. Hotels und Gaststätten müssten aber vermutlich ohnehin schließen, wenn die Geld bringenden Gäste aus dem Ausland fehlen. Ebenso würden zahlreiche Fabriken, die für den Export arbeiten, ihre Tore schließen. Besonders abhängig von ausländischen Arbeitern ist in Deutschland auch die Müllabfuhr. Und wenn die Müllabfuhr nicht mehr funktioniert, haben wir bald stinkende Müllhalden vor unseren Häusern, in denen sich Ungeziefer tummelt, das gefährliche Krankheiten übertragen kann. Die Kranken könnten aber nicht mehr richtig versorgt und gepflegt werden, denn die vielen ausländischen Ärzte, Krankenschwestern und Helferinnen in unseren Kliniken wären ja nicht mehr da.
Da ohne gegenseitige Kontakte auch der weltweite Handel nicht mehr funktioniert, würde es bald zu Engpässen bei der Versorgung der deutschen Bevölkerung kommen. Deutschland ist ja von Öl- und Gaseinfuhren aus dem Ausland abhängig. Selbst die Ernährung könnte nicht mehr sichergestellt werden, da wir auch auf landwirtschaftliche Importe angewiesen sind. Vor allem gibt es natürlich nicht mehr die Vielfalt an Obst und frischem Gemüse. Aber auch Schuhe, Textilien und Möbel würden bald knapp werden. Was noch in den Geschäften angeboten wird, wäre entsprechend teuer. Das gilt natürlich auch für die meist im Ausland hergestellte Unterhaltungselektronik, für Computer und Handys.
Schmerzhafte Einschränkungen würde es aber auch im kulturellen Bereich geben. Ausländische Musiker, Schauspieler, Maler, Autoren und Sportler kämen nicht mehr nach Deutschland. Ausländische Filme könnten nicht mehr gezeigt, die CDs ausländischer Musiker nicht gehört werden. Was das wirklich bedeutet, wird einem klar, wenn man sich vergegenwärtigt, welche hervorragenden Künstler und Sportler wir jetzt in Deutschland bewundern können. Natürlich würde auch das Radio- und Fernsehprogramm deutlich eintöniger werden.
Deutsche Wissenschaftler und Künstler müssten auf die Anregungen durch ihre ausländischen Kollegen verzichten, wenn sie nicht mehr ins Ausland reisen dürften. Ein entsprechendes Verbot würde aber auch viele andere Bürger treffen, denn natürlich würde auch die Urlaubsreise in den sonnigen Süden nicht mehr möglich sein – und man müsste überhaupt auf seine ausländischen Freunde und Bekannten verzichten.

Abschlussprüfung an Hauptschulen in Bayern 2000
Deutsch – Textaufgabe 3

Briefe an die Menschen im Jahr 2100

Die Tageszeitung „Nürnberger Nachrichten" rief am Ende des Jahres 1999 zu einer Leserbriefaktion auf. Die Leserinnen und Leser wurden ermutigt, ihre Gedanken, Hoffnungen und Wünsche den nachfolgenden Generationen mitzuteilen.

Nach dem Aufruf gingen viele hundert Briefe und Zeichnungen ein. Sie werden im Archiv der Zeitung feuer- und wassersicher mit dem Vermerk aufbewahrt: „Briefe an die Menschen im Jahr 2100, zu öffnen gegen Ende des Jahres 2099".

Vier Briefe sind hier in Auszügen abgedruckt.

Brief 1

Schule im Jahr 2100

Die Schultaschen sind aus Zucker. Es gibt runde Tafeln. Der Schulhof ist aus Colaflaschen gebaut. Die Schule wird nur eine Stunde dauern. Die Lehrerin hat Eselsohren. Die Kinder, die schreien, kriegen einen Sechser und müssen alles putzen für alle.

Unter den Tischbeinen sind Düsen, pro Person gibt es einen Hexenbesen. Und dann fliegen wir alle. Wir haben aufklappbare Roboter, die machen fur uns die Arbeit. Wenn man klatscht, geht die Tafel hoch und runter. Wenn man schnalzt, geht die Tür auf und zu.

Es gibt fliegendes Spielzeug. Die Schule ist mit Pflanzen total überwuchert. Das Klassenzimmer soll eine Wiese sein, die Tische große Steine. Das Pult soll geschnitzt und handgefertigt sein mit einem Geheimfach. Im Pausenhof ist ein Teich mit Fröschen, Fischen und Enten. Es gibt auch Ponys, auf denen die Kinder reiten dürfen.

Anna, Tamara, Özgür, Philippe, Patrick, Nagina, Cahide und Sohipa (Klasse 3 a)

Brief 2

E-Mail an die Zukunft

Hallo, ich bin Marcus und war, als ich den Brief schrieb, 10 Jahre alt. Mich würde interessieren: Wie alt werden die Menschen in Zukunft? Können die Krankheiten (vor allem Krebs) besiegt werden? Wird es andere Krankheiten geben? Gibt es noch Nahrungsmittel oder essen wir ganz anders, etwa Pillen? Wurden Medikamente entwickelt, die das Leben verlängern können? Fahren Autos von selbst, durch Computer gelenkt? Hat man neue Planeten entdeckt? Wurden Himmelskörper entdeckt, wo Leben möglich ist? Leben dort vielleicht Menschen wie wir? Wird der

Mond besiedelt, und sind Urlaubsreisen dahin möglich? Schmelzen die Eisberge? Wie heizen wir? Müssen in Afrika und anderen armen Ländern noch viele Kinder verhungern? Gibt es noch Kriege? Wie sehen die Häuser der Zukunft aus?

Ratschläge: Energie und Rohstoffe nicht unnötig vergeuden. Natur und Umwelt schonen. Wasser nicht verschmutzen. Bäume pflanzen. Gesund ernähren. Denkmäler, die an früher erinnern, für die Zukunft erhalten.

Markus P. (Klasse 5 c)

Brief 3

An die, die nach uns kommen

Als ich Hermann Hesse* las, der knapp 100 Jahre vor mir lebte, erkannte ich, dass die Suche nach dem Sinn des Lebens, aber auch das Erschrecken über die Entwicklung im Land, in der Welt, im Umgang miteinander und in der Familie immer das Gleiche ist. ...

... Ich setze meine Hoffnung auf eine Veränderung im Menschen. Heute sehe ich die Gefahr der Zerstörung unserer Lebensgrundlagen durch den „Fortschritt", der ja eigentlich das Leben verbessern soll. Unser Hauptnahrungsmittel Wasser ist gefährdet. Ressourcen und Nahrungsmittel werden verbraucht, verändert, vergiftet. Atommüll wird im Weltall entsorgt. ...

Petra L.

* Hermann Hesse, bedeutender deutscher Schriftsteller (1877–1962)

Brief 4

Mein lieber Ururenkel

... Vielleicht wurdest du schon im Labor gezeugt, mit vorher ausgesuchten Eigenschaften und Fähigkeiten. Wahrscheinlich muss ein Vater nicht unbedingt der leibliche Vater sein, schließlich kann ich hervorragendes Erbmaterial per Katalog bestellen.

... Innerhalb von zwanzig Jahren hat sich unsere Generation im Vergleich zur vorhergehenden nicht nur durch die neuen Medien, sondern auch durch den Wandel der Familienstruktur so gründlich verändert, dass viele Erzieher, Politiker und Eltern verzweifelt aufseufzen.

... Doch wenn ich die Hoffnung auf eine bessere Zukunft aufgäbe, würde ich dir kaum schreiben.

Dein Ururgroßvater

Gerhard Sch.

Literaturangabe: Leserbriefe (zum Teil gekürzt) aus: *Nürnberger Nachrichten – Wochenmagazin* vom 8./9. und 22./23.01.2000.

Arbeitsaufträge **Punkte**

1. Die Leserinnen und Leser wurden ermutigt, ihre Gedanken, Hoffnungen und Wünsche den nachfolgenden Generationen mitzuteilen. In welchem der vier Briefe äußern sich die Verfasser
   - eher unbekümmert?
   - eher ängstlich?
   - eher wissbegierig?

   Ordne zu und begründe deine Entscheidung. 3

2. In Brief 1 lassen die Kinder der 3. Klasse ihrer Fantasie freien Lauf. Schreibe auch du deine Vorstellungen zum Thema „Schule im Jahr 2100" auf. 3

3. Brief 2 enthält einige sehr kurz gefasste Ratschläge.
   a) Formuliere den ersten und letzten Ratschlag von Markus P. jeweils in einen vollständigen Aufforderungssatz um. 1
   b) Schreibe zwei weitere Ratschläge auf. 2

4. In Brief 3 setzt Petra L. ihre Hoffnung auf „eine Veränderung **im** Menschen".
   Erkläre, was damit gemeint sein könnte. 4

5. Lies in Brief 4 den zweiten Abschnitt.
   Haben deiner Meinung nach Erzieher, Politiker und Eltern einen Grund verzweifelt aufzuseufzen?
   Nimm in einem Brief an Gerhard Sch. dazu Stellung. (Umfang ca. 1 Seite) 6

6. Der Fortschritt erleichtert das Leben in vielen Bereichen.
   Gleichzeitig werden damit aber auch neue Probleme geschaffen.
   Erläutere diesen Gegensatz ausführlich an konkreten Beispielen. (Umfang ca. 1 ½ Seiten) 9

28

Lösungen

1. Gedanken, Hoffnungen und Wünsche

- In Brief 1 äußern sich die Verfasser *eher unbekümmert.* Sie beschreiben unter der Überschrift „Schule im Jahr 2100“ eine fantasievolle Welt, die ihnen offensichtlich keine Angst macht, über deren Unterschiede zur Gegenwart sie sich aber auch keine Gedanken machen.
- In Brief 3 äußert sich die Verfasserin *eher ängstlich.* Sie denkt über den Sinn und die Zukunft des Lebens nach und sieht, auch wenn sie ihre Hoffnung auf eine Veränderung im Menschen setzt, für die Zukunft große Gefahren.
- In Brief 2 äußert sich der Verfasser *eher wissbegierig.* Seine „E-Mail an die Zukunft“ ist eigentlich vor allem eine Aufzählung von Fragen, zu denen er gern die Antworten wissen würde.

2. Schule im Jahr 2100

Die Schule der Zukunft ist sicher noch stärker als heute auf technische Kommunikationsmittel, wie Computer und Internet angewiesen. Die ständig steigenden Kosten für Anschaffung, Wartung und regelmäßige Aktualisierung können jedoch vom Staat nicht mehr aufgebracht werden. So wird sich vermutlich im Jahr 2100 ein großer Teil des Unterrichts zu Hause abspielen. Die Schülerinnen und Schüler haben ihren PC im Kinderzimmer und sind online untereinander und mit den Lehrkräften „ihrer“ Schule verbunden. Aber sie können sich kostenlose Hilfe auch von anderen Lehrkräften des bis dahin bestehenden „Europäischen Schulverbundes“ und gegen Gebühren auch aus den USA oder Asien holen. Nur gelegentlich trifft man sich, um Projekte zu bearbeiten oder um zu feiern. Und natürlich gibt es in jedem Jahr einen Schüleraustausch mit einer Partnerklasse aus dem Ausland.

3. Ratschläge

a) Ratschläge in vollständige Sätze umformulieren:
- Energie und Rohstoffe sollten nicht unnötig vergeudet werden.
- Denkmäler, die an früher erinnern, müssen für die Zukunft erhalten werden.

b) Zwei weitere Ratschläge:
- Gesundheitsschädliches Verhalten soll vermieden werden.
- Die Menschenrechte müssen für alle garantiert werden.

4. Hoffnung auf „eine Veränderung *im* Menschen“

Die Verfasserin betont, dass sie ihre „Hoffnung auf eine Veränderung *im* Menschen“ setzt. Damit könnte gemeint sein, dass sie die vielfältigen, von ihr teilweise aufgezählten Probleme und Bedrohungen nicht als unveränderbare Naturereignisse versteht, sondern als Folge menschlichen Verhaltens bzw. Fehlverhaltens. Eine Veränderung *im* Menschen könnte durch die Suche nach dem Sinn des Lebens und ein genaueres Nachdenken über die Folgen menschlicher Entscheidungen erfolgen. Das würde dann dazu beitragen, dass viele Probleme gar nicht erst entstehen bzw. verringert werden.

5. Stellungnahme – Brief an Gerhard Sch.

Lieber Gerhard,
mit Interesse habe ich deinen Brief gelesen. Darin behauptest du, dass angesichts der Veränderungen durch die neuen Medien und den Wandel der Familienstruktur heute viele Erzieher, Politiker und Eltern Anlass hätten, über unsere Generation verzweifelt aufzuseufzen. Diese Auffassung kann ich so nicht teilen.

Tatsache ist doch, dass der Einfluss, den die neuen Medien auf die Generation der heutigen Jugendlichen haben, nicht den jugendlichen Mediennutzern anzulasten ist, sondern den vorhergehenden Generationen. Wer, wie Politik und Werbung, die Botschaft von der Notwendigkeit des technischen Fortschritts und des privaten Konsums verbreitet, muss sich nicht wundern, wenn diese Botschaft bei der jungen Generation auf offene Ohren stößt.

Die heutigen Jugendlichen haben auch nicht die Veränderung der Familienstrukturen zu verantworten. Sie sind eher Opfer dieser Entwicklung, über deren Ursachen sich Politiker, Erzieher und Eltern einmal Gedanken machen sollten.

Man darf aber auch die Veränderung der Familienstrukturen und den Einfluss der neuen Medien nicht ausschließlich negativ und damit als Anlass zum verzweifelten Seufzen sehen. Um die heute erkennbaren Probleme des Lebens auf diesem Planeten bewältigen zu können, ist der selbstverständliche Umgang mit den Kommunikationsmöglichkeiten, die durch die neuen Medien angeboten werden, notwendig. Auch der Veränderung der Familienstrukturen kann man durchaus einige positive Aspekte abgewinnen. Die Entwicklung von der Groß- zur Klein- und schließlich zur „Patchwork-Familie“, die aus wiederverheirateten Eltern mit Kindern verschiedener Herkunft besteht, oder zu allein erziehenden Müttern und Vätern hat schließlich dazu geführt, dass die früher verbreitete Benachteiligung unehelicher Kinder und ihrer Mütter deutlich nachgelassen hat.

Veränderungen, so zeigt ein Blick in die Geschichte von der Steinzeit zum Internetzeitalter, sind unvermeidbar. Der nostalgische Blick zurück ist für die Gegenwart und für die Zukunft nicht sehr hilfreich.

Mit freundlichen Grüßen ...

6. Der Fortschritt bringt zugleich Erleichterung und Probleme

Dass der Fortschritt zugleich Erleichterung und neue Probleme bringen kann, lässt sich an einigen Beispielen aufzeigen.

Ein oft genanntes Beispiel für den Fortschritt ist die „Computerisierung“ der Arbeitswelt, die in wenigen Jahren fast alle Berufe und Wirtschaftsbereiche erfasst hat. Damit ist zweifellos eine Erleichterung verbunden, denn die Verwaltung, Bereitstellung und vor allem Nutzung von Daten unterschiedlichster Art war früher mit einem sehr hohen Zeitaufwand und damit entsprechend hohen Kosten verbunden. Da die Kosten für Computer immer niedriger geworden sind, ist die Nutzung dieser Hilfsmittel und damit der Zugriff auf Daten nicht mehr auf Einrichtungen des Staates oder der Wirtschaft beschränkt. Jeder kann sich heute einen Computer leisten und hat über das Internet Zugang zu einer unübersehbaren Datenmenge. Insofern hat der Fortschritt in diesem Bereich auch eine Demokratisierung bewirkt, die man als Einzelner allerdings auch nutzen muss.

Es darf jedoch nicht übersehen werden, dass der Einzug des Computers in die Büros der Behörden und der Wirtschaft aber auch in die Produktionsstätten der Industrie eine große Zahl von Arbeitskräften überflüssig gemacht hat. So weit diese nicht umgeschult werden konnten oder ohnehin in den Ruhestand gegangen sind, haben sie die Zahl der Arbeitslosen und damit die Belastungen vieler Familien vergrößert.

Als anderes Beispiel für den Fortschritt wird oft der zunehmende Einfluss der neuen Medien auf die Freizeit genannt. Computer, Internet, Spielsoftware, Videos und Handy haben sich zu Statussymbolen entwickelt und das Freizeitverhalten einer ganzen Generation verändert. Mit der Mediennutzung in der Freizeit sind aber z. T. erhebliche finanzielle Belastungen verbunden. Selbst für Kinder und Jugendliche ist es daher oft notwendig, dass sie in ihrer Freizeit Geld dafür verdienen. Das führt dazu, dass die früher von vielen sehr positiv erlebte Freiheit und Ungebundenheit der Kindheit eingeschränkt oder ganz unmöglich geworden ist.

Als weiterer Bereich, in dem in den letzten Jahren im doppelten Sinne „unheimliche“ Fortschritte gemacht wurden, gilt die Medizin. Dieser Fortschritt, der sich in der Entwicklung von neuen Medikamenten ebenso ausdrückt wie in der Nutzung neuer Geräte, hat aber zu einer erheblichen Kostensteigerung im Gesundheitswesen geführt. Patienten fühlen sich außerdem oft den Geräten ausgeliefert und vermissen die persönliche Betreuung durch den Arzt. Zusätzlich entsteht das Problem, dass der Fortschritt in der Medizin zwar oft ein Überleben des Patienten ermöglicht, dieses Überleben jedoch nicht immer dem entspricht, was man sich unter einem „menschenwürdigen“ Leben vorstellt. Kein Wunder also, wenn das Wort vom „medizinischen Versuchskaninchen“ die Runde macht. Auch unter ethischen Gesichtspunkten ist mancher medizinische Fortschritt problematisch. So stellt sich im Zusammenhang mit den Fortschritten der Gentechnik die Frage, ob sich der Mensch in Gestalt des Forschers oder Arztes durch seinen Eingriff in die Erbanlagen wirklich zum Herren über Tod und Leben machen darf.

Abschlussprüfung an Hauptschulen in Bayern 1998
Englisch

Malcolm X

When Malcolm Little was 13, he attended a school in Lansing, Kansas, where he was the only black student in his class. One day he had an experience there which changed his life. He described it like this:

I was alone in the classroom with Mr Ostrowski, my English teacher. I was one of his best students, and he probably meant well in what he told me that day. He said, "Malcolm, you should think about a career." – "Well, yes sir. I'd like to be a lawyer," I answered. Mr Ostrowski looked surprised and said, "Malcolm, don't misunderstand me now. We all like you, you know that. But you have to be realistic: you're a 'nigger'. Think about what you can really become. You're good with your hands. Everybody likes your carpentry work. Why don't you become a carpenter?"

The more I thought about what he had said, the more it was clear to me that he only saw my skin color. I began to worry about my future. What really frustrated me was Mr Ostrowski's advice to the others in my class, all of them white. Most of them were planning to become farmers and take over the family farm one day. Some wanted to be teachers, vets or nurses. And Mr Ostrowski encouraged their ideas. But nobody had marks as good as mine.

It was surprising that I had never thought of it before, but I suddenly realized that I was more intelligent than most of those white kids. But apparently I was still not bright enough to become whatever I wanted to be. I now understood that I didn't have the same opportunities as the white students.

My way of thinking began to change. Whenever I heard the word 'nigger' now, I stopped and looked at whoever said it. And they were surprised when I did. From that time on I knew that I had to fight for my rights myself. I knew that no one could or would help me.

Malcolm's early dreams about his future didn't come true. He left school after the eighth grade and began to work as a waiter. Unfortunately he started taking drugs and spent six years in prison. Later he became a Black Muslim and called himself Malcolm X. He took the letter X as a symbol for the forgotten name of his African ancestors. Soon he was an important speaker for the Black Muslims, but his radical language made him unpopular.

On February 21, 1965, at the age of 40, he was murdered in New York City. Today Malcolm X is still a hero to some radical young people who keep his memory alive in rap music.

A. Reading Comprehension Text

I. Answer the questions. 5 points

1. How do we know that Malcolm was good at school?

   ____

2. What did Malcolm want to become after school?

   ____

3. Why did Mr Ostrowski think Malcolm could be a good carpenter?

   ____

4. How could people notice the changes in Malcolm's thinking?

   ____

5. What problems did Malcolm have after he had left school?

   ____

II. Write down the expression from the text that tells you … 5 points

1. … that Malcolm went to school in Lansing.

   ____

2. … that many of Malcolm's classmates wanted to have the same jobs as their parents.

   ____

3. … that Malcolm's teacher agreed with his white students' plans.

   ____

4. … that Malcolm didn't complete his education.

   ____

5. … that Malcolm didn't die a natural death.

   ____

III. Form three sentences that fit the text.
Use each verb only once. 3 points

Many people Malcolm Nobody White pupils	had became didn't like	a speaker for the Black Muslims. Malcolm's radical ideas. better chances. six years in prison.

1. ____

2. ____

3. ____

B. Language Text

I. Gap Dictation – Lückendiktat 5 points

Write down the missing words when you hear them.

The Professor's Train

Once there were three professors waiting at the __________ station. The train had just __________, but they did not __________ it because they were __________ talking. Suddenly the guard shouted, "All aboard, please!" The professors __________ the guard and rushed to the train. Two of them got on the train before it started to move. But Professor Pike didn't make it. He looked very __________. One of his students was at the station, too. He __________ to comfort the professor, "Two out of three __________ the train. That's __________ quite good, isn't it, sir?" "Yes, I know," the professor replied, "but it was my train. My friends only came to say __________."

II. Where do people usually do that? 3 points

Example: pray – church

1. study – ______________________________
2. change money – ______________________________
3. catch a plane – ______________________________
4. build cars – ______________________________
5. report a stolen car – ______________________________
6. keep food cool – ______________________________

III. Find another word with the same meaning. 2 points

Example: My brother is a hard-working student / pupil.

1. His English test was very hard / __________.
2. He would be glad / __________ to get a good mark on it.
3. School will end / __________ at the end of July.
4. He hopes to get a gift / __________ for a good school report.

IV. Find the adjectives. 2 points

Example: difference – different

1. health – ______________________________
2. beauty – ______________________________
3. danger – ______________________________
4. activity – ______________________________

V. Complete the sentences with the correct question tags. 3 points

Some students in class 9a are discussing what they could do in London.

We'll start our sightseeing tour at Trafalgar Square, won't we?

1. We could visit Buckingham Palace, __________?
2. The Changing of the Guard is at eleven o'clock, __________?
3. The Houses of Parliament are near Westminster Abbey, __________?

VI. Put the verbs in brackets into the simple past. 3 points

On Monday morning Sally is telling her friend Sue about her weekend:

On Saturday evening I (go) went to the cinema. On Sunday my boyfriend (invite) __________ me to dinner at a Chinese restaurant. I (put on) __________ my new dress. We (eat) __________ and (drink) __________ a lot. Later we (take) __________ a taxi home. I (feel) __________ great when he kissed me on the doorstep.

VII. Mark the sentences with the same meaning. 2 points

1. Robinson Crusoe's adventures were written about by Daniel Defoe.
   - ☐ Robinson Crusoe wrote about Daniel Defoe.
   - ☐ Daniel Defoe wrote about Robinson Crusoe's adventures.
   - ☐ Robinson Crusoe wrote about his adventures.
2. After he had finished the book, he went on a trip.
   - ☐ He finished the book before he went on a trip.
   - ☐ He went on a trip to finish the book.
   - ☐ He finished the book during a trip.

VIII. Say it in English. 5 points

1. Frage deinen Freund, was er am Wochenende gemacht hat.

   ____

2. Sage, dass du vorhast, im nächsten Sommer nach Irland zu fahren.

   ____

3. Stelle fest, dass die U-Bahn schneller als der Bus ist.

   ____

4. Sage, dass du nicht gerne zum Zahnarzt gehst.

   ____

5. (Dein englischer Freund ist der Meinung, dass Tanzen Spaß macht.) Stimme zu.

   ____

C. Text Production

You can choose either "I. Picture Story" or "II. Letter". 12 points

I. Picture Story

Look at the pictures and tell the story in at least 10 sentences. You can start like this:

The Painting

It was a boring, rainy day. Tony and Lisa Spencer were looking for something to do. After a while …

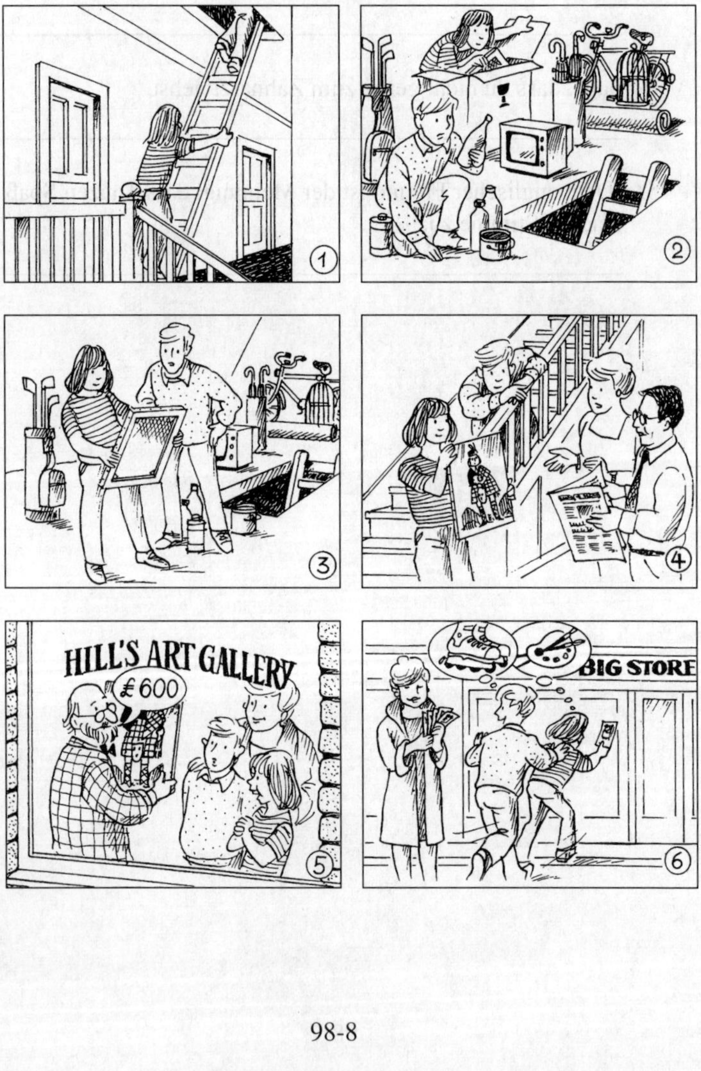

II. Letter

Beachte: Dein Brief sollte mindestens 10 Sätze umfassen.
Denke an die Briefform (Datum, Anrede, Grußformel).

Das internationale Jugendferienlager in Selsey, England, sucht Betreuer und Hilfskräfte für die Sommerferien. Du möchtest deine Englischkenntnisse ausprobieren und nebenbei etwas Geld verdienen. Deshalb willst du Näheres über einen Job in diesem Jugendlager erfahren. Du schreibst an den Leiter, Mr Stanley.

Angaben zum Briefinhalt:

- Schreibe, dass dir dein Englischlehrer erzählt hat, dass Mr Stanley Helfer sucht.
- Du möchtest dort arbeiten, um dein Englisch zu verbessern.
- Gib Auskunft über dein Alter, deine Interessen/Hobbys/Lieblingssportarten usw.
- Erwähne, dass du einer Jugendgruppe angehörst. Weil du Kinder gerne magst, kümmerst du dich oft um die Jüngeren in eurer Gruppe.
- Schreibe, welche Arbeiten du im Jugendlager übernehmen könntest, z. B. Essen zubereiten, Wäsche waschen, putzen usw.
- Bitte um nähere Auskunft über das Ferienlager, besonders Freizeitaktivitäten, Alter und Herkunftsländer der Jugendlichen.
- Bedanke dich für die Auskunft im Voraus und schreibe, dass du dich über eine baldige Antwort freuen würdest.

Lösungsvorschläge

A. Reading Comprehension Test

I. Answer the questions.

1. He was one of his teacher's best students.
   (Nobody had marks as good as his.)

2. A lawyer.

3. Because Malcolm was good with his hands.
   (Everybody liked Malcolm's carpentry work.)

4. Whenever he heard the word 'nigger' now, he stopped and looked at whoever said it.

5. He started taking drugs and spent six years in prison.

Jede inhaltlich richtige Antwort wird mit 1 Punkt bewertet. Bei grammatikalischen Fehlern wird ½ Punkt abgezogen.

II. Write down the expression from the text that tells you …

1. He attended a school in Lansing, Kansas.

2. Most of them were planning to become farmers and take over the family farm one day.

3. And Mr Ostrowski encouraged their ideas.

4. He left school after the eighth grade (and began to work as a waiter).

5. On February 21, 1965, at the age of 40, he was murdered in New York City.

Jede inhaltlich richtige Antwort wird mit 1 Punkt bewertet.

III. Form three sentences that fit the text. Use each verb only once.

1. Many people didn't like Malcolm's radical ideas.
2. Malcolm became a speaker for the Black Muslims.
3. White pupils had better chances.

Jede inhaltlich richtige Antwort wird mit 1 Punkt bewertet. Weitere Lösungen sind unter Umständen denkbar.

B. Language Test

Beim Language Test darf kein Wörterbuch benutzt werden.

I. Gap Dictation – Lückendiktat

The Professor's Train

Once there were three professors waiting at the **railway** station. The train had just **arrived**, but they did not **notice** it because they were **busy** talking. Suddenly the guard shouted, "All aboard, please!" The professors **heard** the guard and rushed to the train. Two of them got on the train before it started to move. But Professor Pike didn't make it. He looked very **sad**. One of his students was at the station, too. He **tried** to comfort the professor, "Two out of three **caught** the train. That's **really** quite good, isn't it, sir?" "Yes, I know," the professor replied, "but it was my train. My friends only came to say **goodbye (A. E. goodby)**."

Bewertung des Diktates:
Jedes richtig geschriebene Wort zählt ½ Punkt.

Übungssätze zu den Schlüsselwörtern im Diktat:
Lass dir folgende Sätze von deinem Lehrer/deiner Lehrerin oder einem Mitschüler diktieren; schreibe die Sätze auch mehrmals ab!

1. *busy*
   busy, busier, busiest:
   Mr Miller is *busy* until 5 o'clock.
   We're *busy* decorating the room.
   We've had rather a *busy* week.
   business: the world of *business; a business trip; a businessman; a busineswoman*

2. *heard*
   hear – heard – heard;
   I heard he was ill.
   aber: I've *hurt* my leg when I fell.

3. *sad*
   It was a *sad* day for our team.
   It makes me *sad* to hear that.
   aber: say – *said – said*
   "Let's go," he *said.*

4. *try – tried*
   Aus **y** wird in der Vergangenheit **ied**
   hurry – hurried
   cry – cried
   aber: *play – played*: Hier bleibt das **y** erhalten, weil ein Selbstlaut (**a**) vorausgeht!

5. Beachte die Schreibweise dieser unregelmäßigen Vergangenheitsformen:
   catch – caught – caught
   teach – taught – taught
   aber: *bring – brought – brought*
   buy – bought – bought
   think – thought – thought

Wichtig: Wiederhole auch die Lückendiktate sowie die Übungswörter der letzten Jahre!

II. Where do people usually do that?

1. university / school / college
2. bank
3. airport
4. factory
5. police (station)
6. fridge / cooler

Jedes richtige Wort wird mit ½ Punkt bewertet. Es gilt phonetische Richtigkeit.

III. Find another word with the same meaning.

1. difficult
2. happy / pleased
3. finish / be over
4. present

Jedes richtige Wort wird mit ½ Punkt bewertet. Es gilt phonetische Richtigkeit.

IV. Find the adjectives.

1. healthy
2. beautiful
3. dangerous
4. active

Jedes richtige Wort wird mit ½ Punkt bewertet. Es gilt orthographische Richtigkeit.

V. Complete the sentences with the correct question tags.

1. … couldn't we?
2. … isn't it?
3. … aren't they?

Jede grammatikalisch richtige Lösung wird mit 1 Punkt bewertet.

VI. Put the verbs in brackets into the simple past.

invited – put on – ate – drank – took – felt

Jede richtige Lösung wird mit 1 Punkt bewertet.

VII. Mark the sentence with the same meaning.

1. Daniel Defoe wrote about Robinson Crusoe's adventures.
2. He finished the book before he went on a trip.

Jede richtige Lösung wird mit 1 Punkt bewertet.

VIII. Say it in English.

1. What did you do

What did you do	at / on the weekend?
	last weekend?

2.

I'm going to		
I'm planning to	travel	to Ireland next summer.
I want to	go	
I'd like to		

3.

The	subway	is	faster	than the bus.
	underground		quicker	

4.

I	don't like	going	to the dentist('s).
	hate	to go	

5 I think so, too.
I agree.
You're right.

Jede ganz richtige Lösung wird mit 1 Punkt bewertet. Bei sprachlichen Fehlern wird ½ Punkt abgezogen. Neben den vorgeschlagenen Lösungen sind durchaus andere möglich.

C. Text Production

I. Picture Story

The Painting

After a while they had a great idea. They climbed up the ladder into the attic and started to look around. The attic was full of old things. There were old golf clubs, a TV, a bike, a cage … . Lisa looked into a large box and found a picture/painting. It was beautiful and it looked quite old. They took the picture/painting downstairs and showed it to their parents. Lisa said, "Look, what we've just found in the attic. Do you know who painted it? Do you think it's very old and worth a lot of money?"

Their parents didn't know, but Mother said, "Let's take it to an art gallery." So they went to Mr Hill's art gallery. Mr Hill looked at the painting and said, "This is a beautiful, old painting (original painting by …). I'd like to buy it. Would you like to sell it?" Then he offered them £600. They were very surprised, and of course they agreed. Their mother said, "You found the painting, so each of you can buy something. What would you like?" Tony wanted to buy a pair of inline skates, and Lisa wanted to buy a paintbox. She thought, "Perhaps I can learn how to paint, and one day my paintings will be worth a lot of money, too."

Bewertung der Bildergeschichte:

1. Für die kommunikativ-inhaltliche Leistung, d. h. treffende Darstellung des Handlungsverlaufs, Ausschmückungen durch Details, flüssiges Erzählen, Textzusammenhänge: Höchstpunktzahl: 6
2. Für die sprachliche Leistung, d. h. Satzbau, richtige Zeitformen, Wortwahl: Höchstpunktzahl: 6

II. Letter

Dear Mr Stanley, Date

My English teacher told me that you're looking for helpers / assistants. I'd like to work at your youth camp in Selsey this summer because I want / in order to improve my English. I'm … years old. My hobbies are … and I'm interested in … . My favourite sport is … . I like playing … . I'm good at … .

I'm a member of a youth group, too. I like children, so I often look after the youngsters / younger members / younger children in our group.

I could do a lot of work in your camp, for example / like preparing / prepare meals, washing / wash clothes, cleaning / clean (up) the rooms …

Could you send / give me any / some information about your camp? I'd like to know about your activities. How old are the young people at the camp? What countries do they come from?

Can I have / get accommodation and meals / room and board at the camp?

Could you tell me how much money I will / can earn (if the pay is good)?

Thank you for the information. I hope to hear from you soon / I'm looking forward to your answer.

Yours

Bewertung des Briefes:

1. Für die kommunikativ-inhaltliche Leistung, d. h. detaillierte Darstellung mehrerer inhaltlicher Vorgaben, persönliche Stellungnahme, korrekte Briefform wie Datum, Anrede, Grußformel: Höchstpunktzahl: 6
2. Für die sprachliche Leistung, d. h. Satzbau, richtige Zeitformen, Wortwahl: Höchstpunktzahl: 6

Abschlussprüfung an Hauptschulen in Bayern 1999
Englisch

A. Language Test

points

1. Gap Dictation 5

Write down the missing words when you hear them.

Tracy's revenge

Every evening after work John ______________ at the local pub, and he often spent a lot of time ______________. His wife Tracy was very angry with him because he often came home so late. She was also ______________ because John drank too much beer. She tried to talk to him about it, but he ______________ listen.
One day she had an ____________. That evening she set the alarm clock for 3.00 a.m. When it went off, John ______________ got out of bed. Then he saw what time it was and became quite angry. He ______________ at Tracy and wanted to know why the alarm was ringing in the middle of the night. "Well," Tracy ____________, "if it takes you five ____________ to come home from work in the evening, I thought it must take you ________ as long to get to work in the morning. And I really didn't want you to be late."

2. Cross out the word that doesn't fit and find the collective noun. 3

Example:

cupboard – armchair – ~~book~~ – table – bed – desk → furniture

a) cabbage – pears – beans – potatoes – carrots – peas → ________

b) gloves – scarf – trousers – coat – skirt – watch → ________

c) neck – head – food – elbow – knee – ankle → ________

3. What do you need to … 2

Example:

… clean the living-room floor → vacuum cleaner

a) … cut bread → ______________________

b) … wash your jeans → ____________________

c) … lock the door → ____________________

d) … clean your teeth → ____________________

4. In what countries are these languages spoken? 2

Example:
Italian is spoken in <u>Italy</u>.

a) French is spoken in ____________________.

b) Dutch is spoken in ____________________.

c) Greek is spoken in ____________________.

d) Norwegian is spoken in ____________________.

5. Fill in the right preposition. What has the police dog got to do? 2

a) The police dog has to climb __________ the wall.

b) It has to crawl __________ the barrier and

c) __________ the tunnel.

d) Finally it has to jump into the water and swim _____ the river.

6. Fill in the correct forms of the verbs. 2

Peter and George are talking about their holiday plans.

PETER: Oh, I've got a problem. I don't know where to go on holiday this year.

(fly) Last year I _________ to Italy with my parents.

(visit) Next year I _________ my cousin in Scotland. But this year?

GEORGE: Well, perhaps I can help you with your problem.

(be) __________ you ever _________ to Austria?

I spent a cheap and really fantastic holiday there last summer.

PETER: **(sound)** Oh, that ________________ great!

7. Ask questions 3

After Peter came back from his holiday in Austria, George asked him about it.

George:	**Peter:**
a) ________________ stay?	At a camp-site, near a lake.
b) ___________ the weather like?	Sunny and warm.
c) ________________ cost?	About £500.

8 What do you say in the following situations? 6

a) Sage, dass du in Ruhe gelassen werden willst, weil du Kopfschmerzen hast.

____

____

b) Dein Freund hat sich entschuldigt, weil er versehentlich deinen Stift benutzt hat. Du sagst, dass es dir nichts ausmacht.

____

c) Sage, dass du nicht gerne früh aufstehst.

____

d) Du sitzt im Wartezimmer einer Arztpraxis. Die Luft ist sehr schlecht. Frage höflich, ob du das Fenster öffnen darfst.

____

e) Sage, dass CDs teurer als Kassetten sind.

____

B. Reading Comprehension Text

Action on wheels

Here comes the big hill! Faster! Heart pounding, leg muscles ache. Jump! Sharp turn, then down the hill. Careful! Remember the last time! No, don't slow down! Watch out for the pebbles! Big side step! Keep your balance! Watch the traffic – a car is coming. Faster! Bang! Knee hits the pavement. Dirt in my mouth, the taste of blood. Why am I doing this?

Inline skating is more than just skating around in the neighbourhood, looking and talking to friends. Many people think it is the ideal sport. But what are its origins? Long before inline skates were invented, a primitive kind of roller skates was developed by a Dutchman about 200 years ago. Wanting to practise ice-skating during the summer, he fastened wooden spools[1] to the bottom of his shoes. Other inventions followed. In 1823 Robert John Tyers of London designed a skate called a "rolito" by putting four wheels in a line on the bottom of a shoe. This was the beginning of inline skates, but they didn't become popular at that time.

One day in 1980 two brothers from Minneapolis found an old inline skate. Scott and Brennan Olson were ice hockey players, and they realized that inline skates could be used for their summer training. So they redesigned the skate and added some things like a rubber heel brake. Soon after that they began selling skates out of their home, and inline skating was reborn. The Olsons didn't foresee that it would not only become a new sport but would even create a new lifestyle.

Is inline skating really the ideal sport? Why would anyone want to do something like this? Few other sports offer so much variety and excitement, and it's much more fun than doing exercises in a health club. You only need a pair of inline skates, elbow and knee pads, gloves and a helmet. And you can go skating anywhere – in the street, in a car park or even up and down a stairway. You can skate just for fun or skate freestyle, do stunt-skating or dance-skating, play hockey or anything else you can imagine. Whether you do it alone or with friends, you can have a good time and get in shape, too.

Inline skating helps you test your body's limits and is also good training for other sports. It's easy to learn, and people of all ages can do it, but it can be dangerous and skaters shouldn't be too aggressive. Watch out for your own safety but also for other people around you. Many inline skaters risk their own health and endanger other people by crashing into pedestrians, cyclists or cars. Still inline skating is a very popular sport for everyone. Even famous actors like Dustin Hoffman and Robert De Niro do it. It was reported that, when they were skating in Central Park recently, they couldn't brake in time to stop. Their uncontrolled style of skating frightened two police horses, which then threw off their riders into a ducks' pond.

1 spool: Fadenrolle

points

I. Answer the questions. Give short answers. 5

1. Where does the word "inline skate" come from?

   ____

2. When did the Olsons come across an old inline skate?

   ____

3. How did the Olson brothers improve the design of inline skates?

   ____

   ____

4. What should inline skaters wear for their safety?

   ____

5. Who frightened two police horses?

   ____

II. Write down the line numbers. Find the expression from the text which tells you … 4

1. … that roller skates are older than inline skates.

   Lines: ____________

2. … that inline skates were not successful at first.

   Line: ____________

3. … why the Olson brothers redesigned the old inline skate.

   Line: ____________

4. … that you can do different sporting activities on inline skates.

   Line: ____________

III. Form four sentences that fit the text. 4

Use each part of the sentence only once.

Inline skating is not only a popular sport You can skate alone More and more teenagers skate aggressively Lots of people do inline skating	whether although because but or	they endanger their own and other people's health. a new kind of lifestyle, too. together with friends. it's good training for other sports.

1. ______________________________

2. ______________________________

3. ______________________________

4. ______________________________

C. Text Production

You can choose either I. (Picture Story) or II. (Letter). 12

I. Picture Story

Look at the pictures and tell the story in at least 10 sentences. You can start like this:

Late for dinner

On a nice weekend in July two brothers, Sammy and Henry, and their dog Scottie went on a camping trip in the Scottish Highlands. After a long hiking-tour …

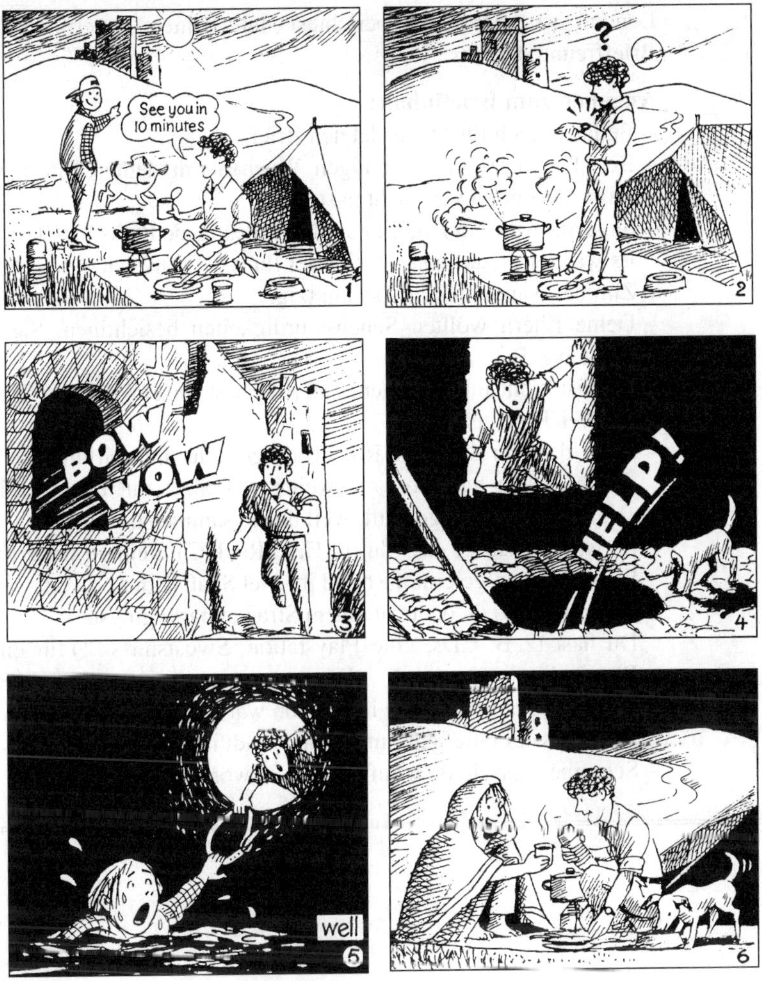

II. Letter

Beachte: Dein Brief sollte mindestens 10 Sätze umfassen.
Denke an die Briefform (Datum, Anrede, Grußformel).

Angaben zum Briefempfänger:

Steve, dein Brieffreund, ist 16 Jahre alt. Er lebt in Dallas und hat dir in seinem letzten Brief über seinen Besuch in New York geschrieben. Du hast vor kurzem vier Tage mit deinen Eltern in

London verbracht und berichtest nun deinem amerikanischen Brieffreund darüber.

Angaben zum Briefinhalt:

- Bedanke dich für Steves letzten Brief.
- Berichte, dass du vor einigen Wochen mit deinen Eltern vier Tage in London verbracht hast.
- Sage, dass ihr ein Hotel in der Nähe des Hyde Parks hattet.
  Es war sehr teuer und ihr musstet für das Frühstück extra bezahlen. Die Zimmer waren ziemlich schmutzig.
- Deine Eltern wollten Sehenswürdigkeiten besichtigen. Sie besuchten z. B. …
- Du bist nicht mitgegangen. Aber du hast dir ein U-Bahn-Ticket für drei Tage gekauft.
- Sage, dass du das Hard Rock Café gesucht und wirklich gefunden hast. Du hast dort ein weiteres T-Shirt mit dem Zeichen „Hard Rock Café" gekauft, weil du sie sammelst.
- Es war großartig, dass du im Hard Rock Café einige nette Engländer kennen gelernt hast und ihr viel Spaß hattet.
- Berichte, dass du dann zu einem Straßenmarkt gingst.
  Du hast (z. B. CDs, eine Playstation, Sweatshirts …) für einen guten Preis bekommen.
- Frage Steve, ob er schon in London war.
- Sage, dass es eine sehr aufregende Stadt ist.
- Schreibe, dass du dich auf Steves Antwort freust.

Lösungen

A. Language Test

1. Gap Dictation

Der gesamte Text wird einmal vorgelesen. Dann wird satzweise diktiert. Anschließend wird das einzusetzende Wort wiederholt.

Tracy's revenge

Every evening after work John stopped at the local pub, and he often spent a lot of time there. His wife Tracy was very angry with him because he often came home so late. She was also worried because John drank too much beer. She tried to talk to him about it, but he wouldn't listen.
One day she had an idea. That evening she set the alarm clock for 3.00 a.m. When it went off, John tiredly got out of bed. Then he saw what time it was and became quite angry. He shouted at Tracy and wanted to know why the alarm was ringing in the middle of the night. "Well", Tracy explained, "if it takes you five hours to come home from work in the evening, I thought it must take you just as long to get to work in the morning. And I really didn't want you to be late."

Bewertung des Diktates:
Jedes richtig geschriebene Wort zählt ½ Punkt.
Höchstpunktzahl: 5 Punkte

2. Cross out the word that doesn't fit and find the collective noun.

a) ~~pears~~ → vegetables

b) ~~watch~~ → clothes

c) ~~food~~ → (parts of the) body

Jede richtige Lösung wird mit ½ Punkt bewertet. Bei den collective nouns gilt phonetische Richtigkeit.
Höchstpunktzahl: 3 Punkte

3. What do you need to …

a) knife, bread slicer

b) washing machine, washing powder, detergent

c) key

d) toothbrush, toothpaste

Jede sinngemäß richtige Lösung wird mit ½ Punkt bewertet.
Es gilt phonetische Richtigkeit.
Höchstpunktzahl: 2 Punkte

4. In what countries are these languages spoken?

a) France

b) Holland/the Netherlands

c) Greece

d) Norway

Jede richtige Lösung wird mit ½ Punkt bewertet.
Es gilt phonetische Richtigkeit.
Höchstpunktzahl: 2 Punkte

5. Fill in the right preposition. What has the police dog got to do?

a) over b) under

c) through d) across

Jede richtige Lösung wird mit ½ Punkt bewertet.
Es gilt phonetische Richtigkeit.
Höchstpunktzahl: 2 Punkte

6. Fill in the correct forms of the verbs.

Last year I **flew** to Italy with my parents.
Next year **I'll (I will) visit** my cousin in Scotland. But this year?
I'm going to visit …
I'm visiting …

George: … **Have** you ever **been** to Austria?

Peter: Oh, that **sounds** great!

Jede richtige Lösung wird mit ½ Punkt bewertet.
Höchstpunktzahl: 2 Punkte

7. Ask questions.

a) Where did you stay?

b) What was the weather like?

c) How much/What did it cost?

Jede grammatikalisch richtige Lösung wird mit 1 Punkt gewertet.
Halbe Punkte für das richtige Fragewort sind möglich.
Höchstpunktzahl: 3 Punkte

8. What do you say in the following situations?

a) Leave me alone, please. I've got a headache.

b) That's okay.
It doesn't matter.
I don't mind.

c) I don't like getting up early in the morning.

d) May/Could I open the window?
Can I open the window, please?
Would you mind if I opened the window?

e) CDs are more expensive than cassettes.

Jede ganz richtige Lösung wird mit 1 Punkt bewertet. Bei Aufgabe a) werden 2 Punkte vergeben. Bei sprachlichen Mängeln wird ½ Punkt abgezogen. Neben den vorgeschlagenen Lösungen sind durchaus andere möglich. Es gilt phonetische Richtigkeit.
Höchstpunktzahl: 6 Punkte

B. Reading Comprehension Test

Der Reading Comprehension Text wird nicht vorgelesen. Für die Teile B und C darf ein zweisprachiges Wörterbuch benutzt werden.

I. Give short answers.

1. From the wheels that are in a line (on the bottom of a shoe).
2. (One day) in 1980.
3. They added some things like a rubber heel brake.

4. (They should wear) elbow and knee pads, gloves and a helmet.

5. Dustin Hoffman and Robert De Niro (on inline skates).

Jede inhaltlich richtige Antwort wird mit 1 Punkt bewertet.
Bei grammatikalischen Fehlern wird ½ Punkt abgezogen.
Höchstpunktzahl: 5 Punkte

II. Write down the line numbers. Find the expression from the text which tells you …

1. Lines 12–15

2. Line 19

3. Lines 21/22

4. Lines 32/33

Jede inhaltlich richtige Antwort wird mit 1 Punkt bewertet.
Höchstpunktzahl: 4 Punkte

III. Form four sentences that fit the text. Use each part of the sentence only once.

1. Inline skating is not only a popular sport but a new kind of lifestyle, too.

2. You can skate alone or together with friends.

3. More and more teenagers skate aggressively although they endanger their own and other people's health.

4. Lots of people do inline skating because it's good training for other sports.

Jede inhaltlich richtige Antwort wird mit 1 Punkt bewertet.
Weitere Lösungen sind unter Umständen denkbar.
Höchstpunktzahl: 4 Punkte

C. Text Production

I. Picture Story

Late for dinner

On a nice weekend in July two brothers, Sammy and Henry, and their dog Scottie went on a camping trip in the Scottish Highlands. After a long hiking-tour they put up their tent near an old ruin(castle).

Henry opened some cans (tins) and started to prepare (prepared/cooked) a (the/their) meal (dinner).

"I'm going to have a look at the old ruin (castle)," Sammy said. "Okay. See you in ten minutes when the meal (dinner) is ready," Henry replied. Sammy took Scottie with him. Half an hour later Sammy wasn't back (hadn't come back) yet.

Henry became nervous (worried) and thought, "Where is my (crazy/stupid) brother?" So he hurried (ran/went) to the ruin (castle).

Suddenly he heard Scottie bark(ing) (the dog that barked/the dog that was barking) inside the ruin (castle).

Henry climbed through an opening (a window) into the castle (building).

First he saw Scottie (his dog) that was standing next to (near) a hole in the floor. Then he heard Sammy shout(ing) for help because he had fallen into a well. Henry let down his belt and pulled Sammy (his brother) out of the water (well).

When they came back to the tent Sammy sat down and put a blanket around his body (himself). Henry poured (gave) him a cup of nice, hot tea and Scottie enjoyed his dog-food.

The two boys were very happy that Sammy's adventure had ended so well.

Hinweise zur Bewertung:

1. Für die kommunikativ-inhaltliche Leistung, d.h. treffende Darstellung des Handlungsverlaufs, Ausschmückungen durch Details, flüssiges Erzählen durch abwechslungsreiche Satzanfänge, verschiedene Satzmuster: Höchstpunktzahl: 6
2. Für die sprachliche Leistung, d.h. Satzbau, richtige Zeitformen, Wortwahl: Höchstpunktzahl: 6

II. Letter

Dear (Hi) Steve, June 28th, 1999

Thank you for your (latest) letter. Some weeks ago I spent four days in London with my parents. We found a hotel next to (near) Hyde Park.

It was very expensive and we had to pay extra for breakfast (breakfast was not included). The rooms were rather dirty.

My parents wanted to go sightseeing (to visit some sights./to do some sightseeing). They went to (visited) ... I didn't go with them. But (Instead) I bought a three-day ticket for the Underground (Underground ticket).

I looked for the Hard Rock Café and I really found it. I bought another T-Shirt with "Hard Rock Café" on it (there) because I collect them.

It was great (terrific/super) that I met (got to know) some nice (friendly) English kids (people) and (that) we had a lot of fun.

Then I went to a street market and got … for a good price (cheap/at a good price). Have you ever been to London? It's a very exciting city (place).

I'm looking forward to your answer (reply).

Yours,
Love,

Hinweise zur Bewertung

1. Für die kommunikativ-inhaltliche Leistung, d.h. detaillierte Darstellung einer oder mehrerer inhaltlicher Vorgaben, persönliche Stellungnahmen und Urteile: Höchstpunktzahl: 6
2. Für die sprachliche Leistung, d.h. Satzbau, richtige Zeitformen, Wortwahl: Höchstpunktzahl: 6

Leerseiten verbilligen in diesem Fall die Herstellung des Buches!

Abschlussprüfung an Hauptschulen in Bayern 2000
Englisch

Listening Comprehension Text: Halloween*

After school had started in September, Petra was at a friend's party in Erlangen. One of the fourteen people at the party was Jim, an American exchange student. He was from Denver, and he was spending a year at Petra's school. On her way to the party Petra had seen some great Halloween decorations in a department store and decided to have her own Halloween party on October 31. So she asked Jim, "Can you tell me more about the history of Halloween? How do people celebrate Halloween in America today?"

He answered, "In the 1840s many Irish people came to America. They brought their traditions with them. One of them was Halloween. The Irish immigrants believed that Halloween was the night when the dead left their graves and tried to frighten people. To drive these spirits away, people dressed up as ghosts, witches or skeletons. They also cut terrible faces into pumpkins, lit a candle inside and put these jack-o'-lanterns in their windows.

Today American children wear costumes, too. They go from house to house shouting 'Trick or Treat', and neighbours give them some sweets. Sometimes the kids' parents also enjoy decorating the house and celebrating Halloween. They wear funny costumes and frighten the children who come to their house asking for sweets. Others go to Halloween parties themselves. It's a funny tradition and I like to celebrate Halloween, too. By the way my grandfather is from Ireland."

"Oh, that's interesting", said Petra, "Why don't you come to my Halloween party next month?"

* Lass dir den Text von einem Freund/einer Freundin oder einer Person, die Englisch kann, in normalem Sprechtempo vorlesen. Nimm dir dann 3 Minuten Zeit für eine erste Bearbeitung der Fragen. Lass dir anschließend den Text ein zweites Mal vorlesen und beantworte dann die restlichen Fragen dazu.

A. Listening Comprehension Test

points

True or false? Make a cross. 8

	true	false
1. A friend invited Petra to a party.		
2. There were fourteen people at the party.		
3. Jim was from Dallas.		
4. Jim was an American exchange student.		
5. Petra saw some Halloween decorations in a department store.		
6. Petra's Halloween party was planned for October 30.		
7. Petra wanted to know more about Halloween.		
8. Many Irish people came to America in the 1740s.		
9. The Halloween tradition came from Ireland.		
10. People were afraid of the spirits of the dead.		
11. People put jack-o'-lanterns in their windows.		

	true	false
12. A jack-o'-lantern is a pumpkin with a candle in it.		
13. Every year children go from house to house asking for money.		
14. Only children celebrate Halloween in America.		
15. Jim's grandfather was born in Ireland.		
16. Jim asked Petra to come to his Halloween party.		

B. Language Test

1. Find six words. 3

vehicles:

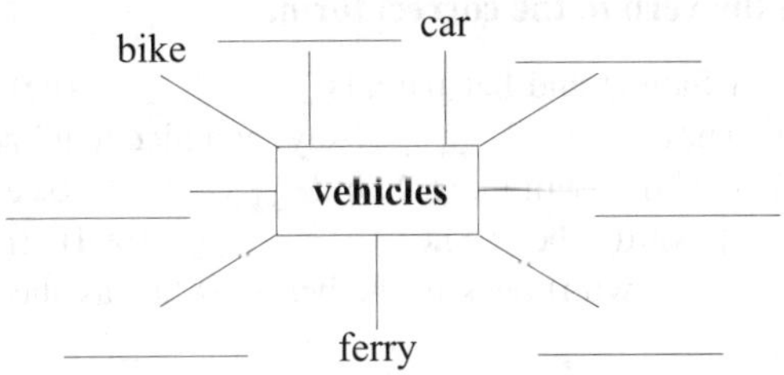

2. Find the missing words. 4

Example:
nurse – hospital – medicine

job	*place of work*	*what they work with*
a) ____________	office	____________
b) stewardess	____________	____________
c) ____________	____________	CDs
d) ____________	____________	students

3. Find the other word or expression with the same meaning. 3

a) twice	☐	1	unhappy
b) to prefer	☐	2	a round geometric figure
c) sad	☐	3	a small computer that can be carried easily
d) laptop	☐	4	under
e) circle	☐	5	two times
f) autumn	☐	6	to like something better
		7	food eaten at the end of a meal
		8	the third season of the year
		9	difficult, hard

4. Fill in the verb in the correct form. 4

Last year Sabine and her parents ___________ (be) on holiday in Hawaii. They _____________ (stay) at a nice hotel near the beach. One day while swimming Sabine _________ (see) a big wave coming towards her. She __________ (feel) frightened and __________ (swim) back to the beach as fast as she ___________ (can).
But today she still often ____________ (think) about her holidays in Hawaii. In two or three years she ___________ (go) to Hawaii again if she has enough money.

5. Give short answers. 2

Example:
Do you like basketball? Yes, I do.

a) Does your brother play tennis? Yes, ______________

b) Has your father got a new car? No, ______________

c) Will you be at home this evening? No, ______________

d) Were you at school last week? Yes, ______________

6. Fill in the correct word. 2

a) Listen! There's ______________________ in the kitchen. (someone – anyone)

b) Perhaps a thief is going to steal ___________________. (something – anything)

c) Is there ____________________ of worth in the kitchen? (something – anything)

d) I don't think so. Oh look! There isn't __________________ in the kitchen. It's only the radio. (someone – anyone)

7. What do you say? 3

a) Schlage vor, ins Kino zu gehen.

____

b) Bitte um Entschuldigung und frage, ob der Platz besetzt ist.

____

c) Frage einen Touristen, woher er kommt.

____

Spelling: 3

Reading Comprehension Text: Australia by bike

Many people think Sydney is one of the most beautiful places on earth. Its climate is mild and there are interesting sights, for example the well-known Harbour Bridge and the Opera House. Sydney attracts millions of tourists every year, and this year even more will come because of the Olympic Games, which will take place from September 16 to October 1.

Most of them will stay in Sydney, but many will also travel to the outback to see Ayers Rock. Few of them, however, will see or experience Australia the way the American journalist Roff Martin Smith did. Smith had left the USA to work in Australia. He found a job with a newspaper in Sydney, got married and had two children. After more than ten years his marriage broke up, and his wife took the children with her to another town. Roff was very unhappy and wanted to do something extraordinary. He hadn't seen much of Australia, so he decided to go on a bike tour through the outback all alone.

He packed his bike with everything he needed for the journey. On June 21, 1996 he left Sydney and rode north. During the next ten months he often thought he wouldn't finish the tour. The strong winds and the hot summer sun gave him such a bad eye infection that he almost couldn't see anything for a few days. In the desert he nearly died of thirst and the heat. Another danger was the 140-ton road trains because they drove so fast on the dirt roads[1] and didn't look out for bikers. Once Roff was riding down a hill when he hit a hole in the road and fell off his bike. He hurt his shoulder and elbow and broke a few ribs. After some time in hospital he continued his trip. On his tour he met some of the best and worst people of the outback. One man wanted to smash his bike for no reason, and others didn't want to let him stay at their hotel. Most people, however, were friendly and helpful. Strangers invited him to spend a few days or sometimes even weeks in their homes when he was ill or needed help. This kind of hospitality is very important in the outback, where the nearest house, water or even tree can be two hundred kilometres away.

After ten months and 16,000 kilometres Roff arrived back in Sydney. He had lost 25 pounds during the tour, but he got to know and like Australia and its people better. However, he made up his mind to return to America, where he was born and grew up. So after nearly sixteen years in Australia and his unforgettable adventure, he went home. One of the first things he did was to write a story for a popular American magazine about his bike tour around Australia.

1 dirt roads: ungeteerte Straßen

C. Reading Comprehension Test

I. Answer the questions. Give short answers. 5

1. What was Roff Smith's job?

   ____

2. Why were the road trains a problem for him?

   ____

3. Why did he have to go to hospital?

   ____

4. What distance did he travel?

   ____

5. What did he do after he returned to the USA?

   ____

II. Give examples from the text for the following statements. Write complete sentences. 2

1. Roff Smith met some very unfriendly people. (One example)

   ____

   ____

2. Australia is a very dry country. (One example)

   ____

   ____

III. Cross out the wrong words. Write the correct ones above. 6

Example: June
Roff Smith left Sydney on ~~May~~ 21.

1. ______________________________

   Roff Smith grew up in Australia.

2. ______________________________

   Few tourists who come to see the Games will visit other places besides Sydney.

3. ______________________________________

Roff Smith had a wife and three children in Australia.

4. ______________________________________

He rode south when he left Sydney.

5. ______________________________________

During his trip he got a bad ear infection.

6. ______________________________________

He fell off his bike because he hit a stone in the road.

IV. Find the sentence with almost the same meaning. Make a cross. 3

1. His marriage broke up.
   - ☐ He had a nervous breakdown.
   - ☐ His wife left him.
   - ☐ He was happy in his marriage.
2. Hospitality is very important.
   - ☐ People should be helpful to strangers.
   - ☐ Good hospitals are necessary.
   - ☐ Hospitals for children are important.
3. He had made up his mind to return to America.
   - ☐ He didn't mind living in America.
   - ☐ He minded his own business in America.
   - ☐ He decided to go back to America.

Spelling: 2

D. Text Production

Choose either I. (Picture Story) or II. (Letter)

I. Picture Story 8

Look at the pictures and tell the story in at least 10 sentences. You can start like this:

The real driving test

One Saturday morning Nick and his father had to go shopping. Nick had just got his driving licence and wanted to drive his father's car. He asked his father, ...

II. Letter

Beachte: Dein Brief sollte mindestens 10 Sätze umfassen.
Denke an die Briefform (Datum, Anrede, Grußformel).

Angaben zum Briefempfänger:

Deine Brieffreundin Denise Wilson (15) wohnt in Balmain, einem Stadtteil von Sydney, Australien. Sie besucht dort eine Comprehensive School. Du antwortest auf ihren letzten Brief und gehst dabei auf folgende Punkte ein:

Angaben zum Briefinhalt:

- Bedanke dich für den letzten Brief und den Bericht vom Ausflug in den Wildpark (game park). Besonders die Fotos von den Koalas haben dir gut gefallen, weil sie deine Lieblingstiere sind.
- Drücke die Hoffnung aus, irgendwann einmal selbst einen Koala berühren zu können.
- Teile mit, dass du dich auf die Olympischen Spiele freust und dass du sie im Fernsehen anschauen wirst.
- Bedaure, dass du nicht selbst nach Australien kommen kannst, weil der Flug zu teuer ist.
- Frage, für welche Wettkämpfe sie sich Eintrittskarten kaufen wird und ob sie für Schüler billiger sind.
- Du hast gelesen, dass Schüler während der Olympischen Spiele als Fremdenführer arbeiten können.
  Du fragst, ob sie an einer solcher Arbeit Interesse hat.
- Du würdest gerne ein typisches Souvenir von den Olympischen Spielen haben und bittest sie, ob sie dir eines schicken würde.
- Schreibe, dass du planst, sie so bald wie möglich zu besuchen. Du hast bereits angefangen, Geld für den Flug nach Sydney zu sparen.
- Richte Grüße an ihre Familie aus. Schreibe, dass du hoffst, bald wieder von ihr zu hören.

Lösungen

A. Listening Comprehension Test

True or false? Make a cross.

	true	false
1. A friend invited Petra to a party.	X	
2. There were fourteen people at the party.	X	
3. Jim was from Dallas.		X
4. Jim was an American exchange student.	X	
5. Petra saw some Halloween decorations in a department store.	X	
6. Petra's Halloween party was planned for October 30.		X
7. Petra wanted to know more about Halloween.	X	
8. Many Irish people came to America in the 1740s.		X
9. The Halloween tradition came from Ireland.	X	
10. People were afraid of the spirits of the dead.	X	
11. People put jack-o'-lanterns in their windows.	X	
12. A jack-o'-lantern is a pumpkin with a candle in it.	X	
13. Every year children go from house to house asking for money.		X
14. Only children celebrate Halloween in America.		X
15. Jim's grandfather was born in Ireland.	X	
16. Jim asked Petra to come to his Halloween party.		X

Höchstpunktzahl: 8 Punkte
Um die Ratemöglichkeiten bei der *true-false-Aufgabe* so gering wie möglich zu halten, erhält man erst ab 9 richtigen Lösungen Punkte:
Für 0–8 richtige Antworten: 0 Punkte
Für 9 richtige Antworten: 1 Punkt
Für 10 richtige Antworten: 2 Punkte, usw.

B. Language Test

1. **Find six words**
Lösungsmöglichkeiten:
van, lorry, truck, pick-up, caravan, plane, ship, bus, train, taxi, coach, motorbike, ...

Jede inhaltlich richtige Lösung wird mit ½ Punkt bewertet.
Höchstpunktzahl: 3 Punkte

2. **Find the missing words.**
Lösungsmöglichkeiten:

a) *job:* secretary, manager, headmaster, office worker
what they work with: computers, telephone, paper, fax, pencils/pens, ...

b) *place of work:* airport, plane
what they work with: food, people, drinks, passengers, newspapers, tickets, ...

c) *job:* shop assistant, disc jockey/DJ, musician, ...
place of work: shop/store, music shop, studio, disco, ...

d) *job:* teacher, professor
place of work: school, university, college, high school, ...

Jede inhaltlich richtige Lösung wird mit ½ Punkt bewertet.
Höchstpunktzahl: 4 Punkte

3. **Find the other word or expression with the same meaning.**
Lösungen: a) 5 b) 6 c) 1 d) 3 e) 2 f) 8

Jede richtige Lösung wird mit ½ Punkt bewertet.
Höchstpunktzahl: 3 Punkte

4. **Fill in the verb in the correct form.**
were, stayed, saw, felt, swam, could, thinks, will go (is going to go)
Jede richtige Lösung wird mit ½ Punkt bewertet.
Höchstpunktzahl: 4 Punkte

5. **Give short answers.**

a) Yes, he does.
b) No, he hasn't.

c) No, I won't.
d) Yes, I was.

Jede richtige Lösung wird mit ½ Punkt bewertet.
Höchstpunktzahl: 2 Punkte

6. Fill in the correct word.

a) someone
b) something
c) anything
d) anyone

Jede richtige Lösung wird mit ½ Punkt bewertet.
Höchstpunktzahl: 2 Punkte

7. What do you say?

a) Let's go to the cinema.
What about going to the cinema?
Would you like to go to the cinema?
b) Excuse me, is this seat taken?
Pardon (me), is this seat taken?
I beg your pardon, is this seat taken?
c) Where do you come from?
Where are you from?

Jede ganz richtige Lösung wird mit einem Punkt bewertet. Bei semantischen und grammatikalischen Mängeln wird ½ Punkt abgezogen. Neben den vorgeschlagenen Lösungen sind durchaus andere möglich.
Höchstpunktzahl: 3 Punkte.

Für den gesamten **Teil B** (Language Test) werden zusätzlich 3 Punkte für Rechtschreibung vergeben. Für jeden Rechtschreibfehler wird davon ½ Punkt abgezogen, höchstens jedoch 3 Punkte. (Ab 7 Rechtschreibfehlern wird also kein Rechtschreibpunkt mehr abgezogen).
Höchstpunktzahl: 24 Punkte insgesamt

C. Reading Comprehension Test

Der Reading Comprehension Text wird nicht vorgelesen. Für die Teile C und D darf ein zweisprachiges Wörterbuch benutzt werden.

I. Answer the questions. Give short answers.

1. (He was) a journalist.
2. Because they drove so fast.
   Because the drivers didn't look out for bikers.
3. Because he had a bad accident.
   Because he hurt his shoulder and elbow and broke a few ribs.
4. 16,000 km.
5. He wrote an article (about his bike tour for an American magazine).

Höchstpunktzahl: 5 Punkte

Jede inhaltlich richtige Antwort wird mit einem Punkt bewertet. Bei grammatikalischen Fehlern wird ½ Punkt abgezogen.

II. Give examples from the text for the following statements.

1. One man wanted to smash his bike for no reason.
   People didn't want to let him stay at their hotel.
2. In the desert Jim nearly died of thirst.
   The nearest water can be two hundred kilometres away.

Höchstpunktzahl: 2 Punkte

Jede inhaltlich richtige Antwort wird mit einem Punkt bewertet. Bei grammatikalischen Fehlern wird ½ Punkt abgezogen.

III. Cross out the wrong words. Write the correct ones above.

1. ~~Australia~~ → America *oder:* ~~grew up~~ → lived
2. ~~Few~~ → Many/A lot of
3. ~~three~~ → two
4. ~~south~~ → north
5. ~~ear~~ → eye
6. ~~stone~~ → hole

Höchstpunktzahl: 6 Punkte

Wird nur das falsche Wort durchgestrichen, so wird nur ½ Punkt vergeben.

IV. Find the sentence with almost the same meaning.

1. His wife left him.
2. People should be helpful to strangers.
3. He decided to go back to the USA.

Höchstpunktzahl: 3 Punkte

Für den gesamten **Teil C** (Reading Comprehension Test) werden zusätzlich 2 Punkte für Rechtschreibung vergeben. Für jeden Rechtschreibfehler wird davon ½ Punkt abgezogen, höchstens jedoch 2 Punkte. (Ab 5 Rechtschreibfehlern wird also kein Rechtschreibpunkt mehr abgezogen).
Höchstpunktzahl: 18 Punkte insgesamt.

D. Text Production

I. Picture Story

The real driving test

One Saturday morning Nick and his father had to go shopping. Nick had just got his driving licence and wanted to drive his father's car.

He asked his father, "Can I drive your car, Dad, please?" His father answered, "No, it's my new car!" Nick was very disappointed.

A little later they arrived in town and parked in front of an exit next to a bank. The car blocked the exit, but Nick's father got out to get some money from the bank. He told Nick, "Move the car if somebody comes out of the exit." He gave him the key and Nick sat in the driver's seat.

Suddenly he saw a man running out of the bank. The man had a stocking over his head and was carrying a bag. (Then he got into a car and drove away quickly.)

At that moment a policeman ran up to Nick's car and shouted, "Follow that car!" He jumped in and Nick drove away as fast as he could. Both cars went through a red traffic light.

Suddenly they came to a building site. The bank robber couldn't stop his car and crashed into the fence.

Some time later the ambulance arrived and took the injured bank robber to hospital. Then the policeman went to Nick and thanked him. He said, "You're a great driver!"

Nick was very proud.

Hinweise zur Bewertung:

1. Für die kommunikativ-inhaltliche Leistung, d.h. treffende Darstellung des Handlungsverlaufs, Ausschmückungen durch Details, flüssiges Erzählen durch abwechslungsreiche Satzanfänge, verschiedene Satzmuster: Höchstpunktzahl: 8
2. Für die sprachliche Leistung, d.h. Satzbau, richtige Zeitformen, Wortwahl: Höchstpunktzahl: 8
3. Für die Rechtschreibung werden zusätzlich 2 Punkte vergeben. Für jeden Rechtschreibfehler wird ½ Punkt abgezogen, höchstens jedoch 2 Punkte.

II. Letter

Dear Denise, June 27th, 2000

Thank you for your last letter and the report about your trip to the game park. I especially liked the photos of the koalas because they are my favourite animals. I hope that some time I can touch a koala myself.

I'm looking forward to the Olympic Games and I'm going to watch them on TV. It's a pity that I can't come to Australia (myself), but the flight is too expensive.

Which competitions will you buy tickets for? Are there cheaper tickets for students? I've read that students can work as (tourist) guides during the Olympic Games. Are you interested in such a job?

I'd like (to have) a typical souvenir of the Olympic Games. Would you send me one, please?

I'm planning to visit you as soon as possible. I've already started to save money for the flight to Sydney.

Give my regards to your family. I hope to hear from you soon.
Yours,

Hinweise zur Bewertung

1. Für die kommunikativ-inhaltliche Leistung, d.h. detaillierte Darstellung einer oder mehrerer inhaltlicher Vorgaben, persönliche Stellungnahmen und Urteile: Höchstpunktzahl: 8
2. Für die sprachliche Leistung, d.h. Satzbau, richtige Zeitformen, Wortwahl: Höchstpunktzahl: 8
3. Für die Rechtschreibung werden zusätzlich 2 Punkte vergeben. Für jeden Rechtschreibfehler wird ½ Punkt abgezogen, höchstens jedoch 2 Punkte.

Ihre Meinung ist uns wichtig!

Ihre Anregungen sind uns immer willkommen.
Bitte informieren Sie uns mit diesem Schein über Ihre Verbesserungsvorschläge!

Titel-Nr.	Seite	Fehler, Vorschlag

Bitte hier abtrennen

STARK

Zutreffendes bitte ankreuzen!

Die Absenderin/der Absender ist:

- ☐ Lehrer/in
- ☐ Fachbetreuer/in
  Fächer: ______
- ☐ Seminarlehrer/in
  Fächer: ______
- ☐ Regierungsfachberater/in
  Fächer: ______
- ☐ Oberstufenbetreuer/in
- ☐ Schulleiter/in
- ☐ Referendar/in, Termin 2. Staatsexamen: ______
- ☐ Leiter/in Lehrerbibliothek
- ☐ Leiter/in Schülerbibliothek
- ☐ Sekretariat
- ☐ Eltern
- ☐ Schüler/in, Klasse: ______
- ☐ Sonstiges: ______

Unterrichtsfächer: (Bei Lehrkräften!)

______

STARK Verlag
Postfach 1852
85318 Freising

10-VT9

Bitte ausfüllen und im frankierten Umschlag an uns einsenden. Für Fensterkuverts geeignet.

Kennen Sie Ihre Kundennummer?
Bitte hier eintragen.

Absender (Bitte in Druckbuchstaben!)

Name/Vorname ______

Straße/Nr. ______

PLZ/Ort ______

Telefon privat für Rückfragen ______ Geburtsjahr ______

E-Mail-Adresse ______

Schule/Schulstempel (Bitte immer angeben!)

(Bitte blättern Sie um)